U0926809

我能拯救地球

主编 /赵敏舒

50件关于节约用水的小事

天津科学技术出版社

图书在版编目（CIP）数据
50件关于节约用水的小事 / 赵敏舒主编. -- 天津：
天津科学技术出版社，2010.12
（我能拯救地球）
ISBN 978-7-5308-5989-6

I. ①5… II. ①赵… III. ①节约用水—青少年读物
IV. ①TU991.64-49

中国版本图书馆CIP数据核字（2010）第232404号

策划编辑：郑东红
责任编辑：张　跃
责任印制：王　莹

天津科学技术出版社出版
出版人：蔡　颢
天津市西康路35号　　邮编：300051
电话(022) 23332399（编辑室）(022) 23332393（发行部）
网址：www.tjkjcbs.com.cn
新华书店经销
北京市北关闸印刷厂印刷

开本　787×1092　1/16　　印张　12　　字数　50 000
2011年1月第1版第1次印刷
定价：29.80元

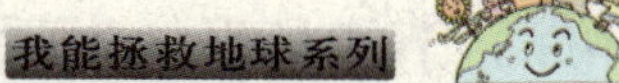

前言

践行环保，从这一秒开始

告急！告急！地球母亲告急，她已不堪重负，气喘吁吁了。

酸雨污染、温室效应、臭氧层破坏、土地沙漠化、森林面积锐减、物种灭绝、垃圾成灾、水土流失、大气污染、水资源短缺等等，一系列环境问题，让昔日一颗美丽的蓝色星球如今已满面疮痍，伤痕累累了。环保与节能势在必行，你我他每个人都要积极行动起来，保护我们共同的家。不要认为环保是个大课题，一个人的力量微不足道，请记住：环保无小事，一切从我做起，每个人都是能拯救地球的其中一人。

有了使命感，我们还要了解自己应当怎样拯救地球。如何节约和回收各种能源？如何保护植物？如何保护动物？如何保护天空？如何阻止全球变暖？怎样的生活方式才能称得上“绿色生活”？自己平常无意间的哪些行为是不环保的，甚至还给环境造成了损害。上述所有问题的答案都在《我能拯救地球》中，它为每一个环保小卫士指明了道路。丛书共分 10 册，

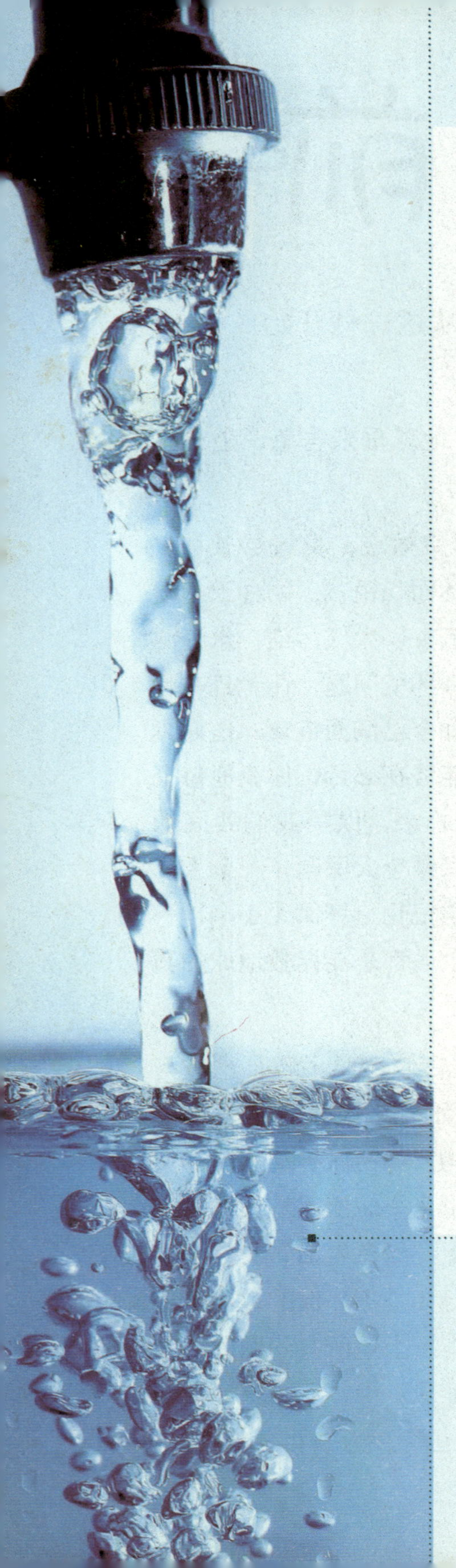

分门别类地从十个方面介绍我们可举手之劳尽行环保。节能环保，生活中的点点滴滴，举手之劳，尽力而为。我们是 24 小时环保主义者，肩负着拯救地球、延续文明的重任。

践行环保，从这一秒开始。环保的重要性，其实每个人都知道并且也支持，但就是行动上力度不够，其中原因诸多，但不外乎未养成习惯及从众心理作祟等。随着节约型社会的到来，节约，不只是经济行为,更是一种环保时尚。谁不节约谁可耻！我们有一千种理由保护环境，却没有一条理由破坏我们生存的家园，请不要轻置每一个行为。

很久以前的大自然是我们不知道的样子，很美；现在的大自然是我们熟悉的样子，但不亲切。希望某天一早醒来，能够再拥有那样一个只在雨后才能呼吸到的清新空气，远远的有鸟儿的啁啾，望尽远处近处，满眼的绿。未来社会的面貌取决于今天人们所做的一切，绿色环保之路任重道远。

Contents

目录

Contents

花儿说，我更爱喝有营养的“牛奶”

现在很多人家里都会养花，养花的方式也各不相同。但是，你知道吗？对于花来说，淘米水比自来水更有营养，会使它们更美丽。

节约用水是每个人都应该具备的美德，水对我们大家都很重要。在我们淘好米后，应该留下淘米后用剩的水，进行再利用，它们可有很大的用处呢。

实用的淘米水

淘米水里混有糠麸和少量碎米粒，含有丰富的磷素、氮素和微量元素等花卉生长所需要的营养物质，用淘米水浇花对花木的生长十分有益，而且，淘米水发酵后呈微酸性反应，用它来浇灌喜酸性土的花木不但能促进植株生长健壮，多开花，而且花香浓郁，还可以延长花期并防止感染黄化病。同时由于淘米水中含有较多的磷素，它能促进花蕾的形成，因此经常浇淘米水，可以促进花芽分化，使花木多开花、多结果。

但是有一点要注意，淘米水在浇花前需要先经过发酵再用。发酵的方法很简单，把淘米水放入一个空坛里，将坛口盖严，夏季约10天左右，其他季节约3周左右即可使用。使用前先将坛子搅拌一下，浇花时需注意不要淋在叶面上，以免混浊液污染叶片，影响光泽。

洁白的大米

淘米水可以说是花儿很爱喝的有营养的“牛奶”。花儿喝了它们会更加茁壮地成长。用淘米水浇花，是节约利用水资源的一种好办法，除此之外，淘米水还有很多别的用处呢。下面，就告诉大家几种淘米水的其他用途：

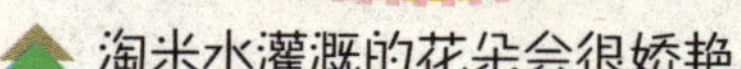

淘米水灌溉的花朵会很娇艳

1.淘米水洗手，既去污又可使皮

肤滋润光滑。

2.用淘米水刷洗碗碟，去污力强，不含化学物质，远远胜过含有化学物品的洗洁剂。

3.菜刀、锅铲、铁勺等铁制炊具，如果用比较浓的淘米水来洗，可以防止生锈。如果已经生锈，可先在淘米水中浸泡数小时，锈斑就会非常容易擦去。

4.带有腥味的菜，在加盐的淘米水中搓洗，再用清水冲净，就不会有腥味了。

淘米水营养很丰富

5.从市场上买回的肉，有时会沾上灰土，用自来水非常难洗干净，但是用热淘米水洗上两遍，就可以很容易清除脏污。

6.刚油漆好的家具，往往有一股难闻的油漆味，用软布蘸淘米水反复擦拭，就可以除掉油漆味了。

7.白色衣服在淘米水中浸泡10分钟后，再用肥皂清洗，能使衣服洁白一新。

8.毛巾如果沾上了水果汁、汗渍等，就会有异味，并且会变硬。把它浸泡在淘米水中蒸煮十几分钟，就会变得又白又软。头两道淘米水会呈现pH值为5.5左右的弱酸性，洗过两次后，pH值约为7.2左右，这种呈弱碱性的淘米水很适

合清洗物品，可以代替肥皂水洗掉皮脂，而且与一般的工业洗衣粉相比，它的洗净力适中，质地温和，又没有副作用。尤其是加热后的淘米水，去污能力会更强。

9.在食用新鲜水果前，用淘米水浸泡10至15分钟，然后用清水多冲洗几遍，可以洗掉上面残留的大量农药，降低对人体的伤害。

看到了吗？淘米水不仅是花儿爱喝的“牛奶”，而且还有这么多的妙用。如果我们真正让淘米水起到作用，不仅可以节约大量的清水，而且在清洗时还可以起到事半功倍的效果。在日常生活中，淘米水是可以扮演“多重角色”的天然去污剂。让我们这些节水小卫士们行动起来，发挥出淘米水的巨大功用，为节约用水尽最大的努力！

洗水果时不妨试试淘米水

节水的好孩子晨晨

晨晨是一名小学三年级的学生，同时还是班里赫赫有名的“节水小卫士”。提起节约用水，他说起来可是头头是道。其实，原来的晨晨可不是这个样子。

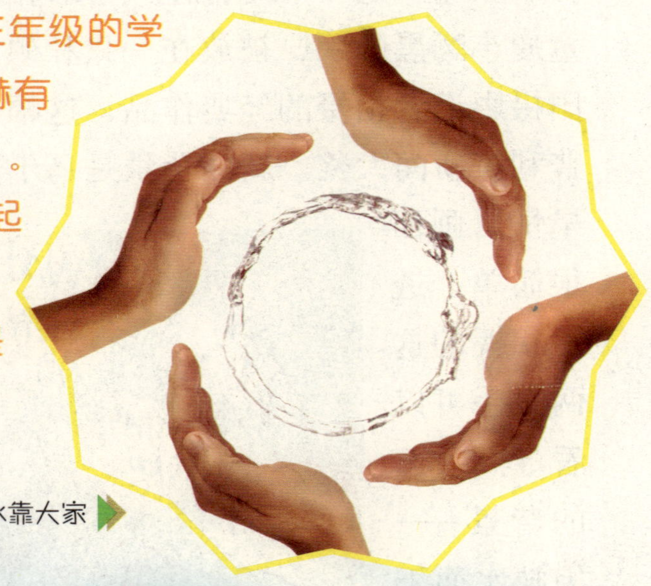

节水靠大家

从前的晨晨啊，根本没有节约用水的意识，有时候还常常忘记了关水龙头，但是后来的一件事情改变了晨晨。那是一个周末，妈妈带晨晨去看一个有关节约水资源的图片实物展览。在这次展览上，晨晨受到了很大的教育，他看到了很多有关缺水地区状况的照片。给他印象最深的，是一幅来自非洲缺水重灾区的照片。

照片上是一个瘦得让人不敢相信的小手，一只非洲儿童瘦小黝黑的手，被放在一只壮硕的大手上。这是一名美国摄影记者拍摄的经典作品，这幅作品曾经获得了当年的普利策新闻大奖。新闻背景是乌干达地区发生的一次严重旱情。画面很简单，透过相握的这两只手可以看到后面的背景——因缺水而干枯龟裂的土地。那土地实在是干裂得可怕，一道道的裂纹就像被刀深深刻过的老奶奶的额头。除此之外，还有一幅一个非洲小孩子直接站在马屁股后面用马尿洗头的照片也让他感觉很震惊。

小朋友们的节水宣传画

晨晨可从来没有见过这么触目惊心的照片。他问妈妈：“妈妈，这张照片是真的吗？”妈妈告诉晨晨，每年非洲有200万儿童因缺水而死亡，每年非洲的水资源危机都会致使6000人死亡，大约有3亿非洲人因为缺水而过着贫苦的生活……晨晨听后，吃惊地瞪大了眼睛，从小生活在大城市，从未体验过缺水的他，自然不会知道非洲小朋友们的生活。妈妈又告诉晨晨，其实在我国水资源仍然很匮乏，尤其在西北地区，因为缺水，大量珍惜动植物死亡，肥沃的土地变成沙漠，沙漠的扩大又引起沙尘暴……造成一系列连锁反应。妈妈还告诉晨晨，水对我们人类的意义非常重大。平时我们的日常生活，例如洗脸、喝水、洗衣服、洗菜、冲厕所等，都需要水，而且，人体

可爱的鱼儿在水中自由地嬉戏

沙漠

内70%以上都是水，如果不喝水，人连三天都很难活下去，所有的动植物都离不开水，水是生命的源泉，所有生命最初都来源于海洋等等。

这次参观展览对晨晨来说受益匪浅，他觉得自己学到了好多关于节约用水的知识。从那以后，他用水真的节约起来了，每次洗脸用水都很少，还把洗脸水再用来冲厕所，而且再也没有忘记过关水龙头，无论什么地方见到别人没有关好水龙头，晨晨都要跑去关上。在家里，不仅自己节约用水，而且还要求全家都参与到他的节水行动中。看书、看电视时还都特别关注有关节水的内容。晨晨还常学书上的节水标语说：“要节约世界上的每一滴水，否则世界上的最后一滴水将会是你悔恨的眼泪。”

现在，晨晨已经成了校园里有名的节水小卫士了。相信通过我们的努力，一定可以做得比他更棒。同学们，让我们一起来节约用水，从自身做起，为地球更美好的明天而努力！

我们要保护好每一滴水

节水好方法

人不可一日无水，水是生命之源，珍惜水就是珍惜自己的生命！在此，我们介绍一些日常生活中的节水好方法：

水是生命之源

1.老式房屋的抽水马桶可改成节水马桶，将上导型直落式改为翻板式，水量控制在9升以下；

2.绿化、洗车、冲地用水可采用节水喷雾水枪冲洗；

3.缩短小便池的自动冲水器冲水时间；

4.安装低流量莲蓬头、水龙头曝气器，或者加装缓流水龙头汽化器；

5.将全转式水龙头换装成1/4转水龙头，缩短水龙头开闭的时间就能减少水的流失量；

6.随手关紧水龙头。水龙头加装有弹簧的止水阀或可自动关闭水龙头的自动感应器；

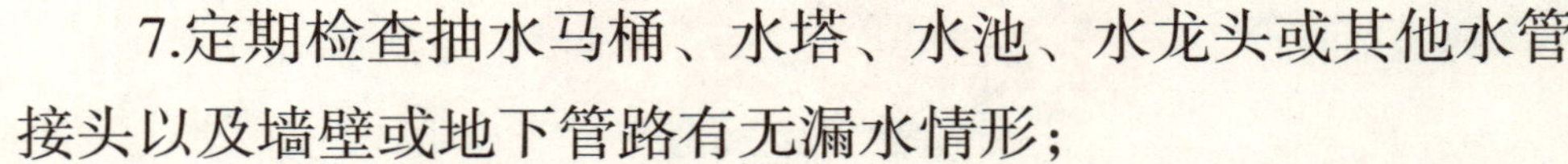

7.定期检查抽水马桶、水塔、水池、水龙头或其他水管接头以及墙壁或地下管路有无漏水情形；

8.植物浇水时间应选择早晚阳光微弱蒸发量少的时候；

9.庭院绿化应选择耐旱的植物，按植物需水性分区栽种，以便分区调整浇水用水量；

10.洒水系统喷洒范围不要超出庭院以外，庭院边缘采用部分圆形洒水器往内喷洒；

11.配合天气浇水，在雨天时关闭自动洒水器，不在强风时浇水；

12.对花草喷洒适量足够存活的水即可，花圃使用微灌方式最有效，方法是以滴嘴、滴罐向个别植物施水，或以低流量喷雾器对整个花圃施水；

13.修剪草皮应留下10~15毫米高度的草，以减少地面水分蒸发浇水用水；

14.庭院土壤改良，添加湿润介质或保水聚合物，如蛭石、稻谷、木屑、泥炭土等以提高土壤的透水与蓄水能力；

15.庭

院以草类、树皮、木屑、砾石等敷盖，以减少土壤水分蒸发、土壤冲蚀；

16.冬天时，只在连续高温及干旱时才浇水（在春秋时，大部分的植物只需夏天时水量的一半即可）；

17.控制适量的洗涤物，避免洗衣机及洗碗机中洗涤物过多或过少；

18.小件、小量衣物提倡手洗，可节约大量水；

19.利用屋顶装置雨水贮留设备，收集雨水作为一般浇花、洗车及冲马桶等替代水源；

20.机关、学校、工厂等可规划中水道系统，将生活污水处理至符合一定水质标准，作为花圃浇水操场洒水、厕所冲洗、汽车冲洗和消防用水等水资源再利用系统；

21.将面纸投入垃圾桶而不要丢入马桶中；

22.在水箱中滴入几滴食用色素，等20分钟（要确定这

段时间内没人使用马桶），如果有颜色的水流入马桶，就表示这水箱在漏水；

23.水管漏水严重浪费水资源。发现道路埋设水管有漏水现象时，请马上给自来水公司打电话抢修；

24.游泳池溢水应回收过滤再使用，或作为运动场洒水用；

25.将所有水龙头关紧并确定这段时间内无人用水而水表仍在动，就表示屋内或地下水管在漏水。水龙头关紧后仍有滴水，要马上更换橡皮垫；

26.不要用水冲食物解冻，改用微波炉解冻或及早将食物由冰箱冷冻室中取出，放置于冷藏室内解冻；

27.清理地毯法由湿式或蒸汽式改成干燥粉末式；

28.洗手正确步骤：开小水沾湿手→关闭水龙头→涂抹肥皂→双手搓揉→开小水冲洗→关闭水龙头。

地球，美丽的水世界

珍爱地球水源

大家是否知道，宇航员从茫茫太空回望地球时，地球是什么颜色？你们一定会异口同声地说：是蓝色。这是为什么呢？因为水是地球上含量最丰富的一种化合物。全球约有四分之三的面积覆盖着水，所以从遥远的太空望去，我们的地球才会是一个美丽的蓝色水世界。

水资源是指现在或将来一切可用于生产和生活的地表水和地下水源，是自然资源的重要组成部分。地球上水的总储量约为138.6亿立方米，其中海水占97.3%，淡水只占2.7%。若扣除无法取用的冰川和高山顶上的冰冠，以及分布在盐碱湖和内海的水量，陆地上淡水湖和河流的水量不到地球总水量的1%。

南、北极的冰川也在逐渐融化

不仅如此，同学们，你们知道吗？水还是孕育我们地球上的生命和文化的源泉。

美丽的水

水是生命之源。最初的生命体就是在水中诞生的。30多亿年前的地球正是因为有了水，才产生了生命，才有了我们人类。水不仅是生命产生和存在的基本条件，而且还

水是生命之源

是生命结构的基本成分。就人类而言，构成我们身体的组成部分大致如下：蛋白质17%，脂肪14%，碳水化合物1.5%，钙等矿物质6%，剩下的61.5%为水。也就是说，人体体重的2/3为水，婴儿的含水量更高，约为80%。就生理来说，人体各部组织，也大都由水来支持，人体器官组织的含水量大致如下：血液83%，肌肉76%，肺、心脏80%，肾83%，肝68%，脑75%，就连骨骼也含水22%。人体可

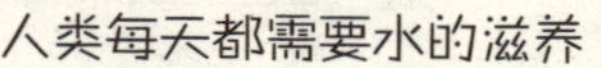
人类每天都需要水的滋养

以说是由水组成的，生命活动甚至可以说是以水为中心而进行的，一旦缺水，生命必然终止。

此外，水还孕育了人类的文明。历史、政治、经济、宗教、人文等等，无不与水密切相关，每一段人类文明，都是河流哺育的结果：黄河流域的中国文明，恒河流域的印度文明，两河流域的巴比伦文明……多得不可计数。不同民族的习俗、气质、性格以及与此相关所形成的文化文明，甚至于个人的喜怒哀乐、诗词歌赋皆以水为载体。我国诗人就曾经写过很多咏水赞水的优秀诗篇。看来，水的确是人类文化的母亲。

地球离不开水

同学们，由此可见，水是地球上一切生命赖以生存、人类生活生产不可缺少的最基本的物质，又是地球自然资源中不可替代的重要物质，更是我们人类生命和文化的源泉，因此，我们一定要特别加以保护，在平时的生活中注意节约用水，更要呼吁整个社会，珍惜我们宝贵的水资源。

蓝色的生命源泉

坏女巫的黑魔汤

在童话故事里，那些戴着尖尖的魔法帽，长着长长鼻子的坏女巫，总是熬制一些黑魔汤，来蛊惑那些善良的王子公主们。但是，你们知道吗？在日常生活中，同样也有一些这样的“坏女巫”，每时每刻都在制造一种黑魔汤，来危害我们地球上珍贵的水资源。

小河在哭泣

随意排放的工业废水

已被污染的河流

排污水的管道

这些可恶的“坏女巫”，就是那些不合规格的各种化工厂，它们所排放的污水，就是这些可怕的“黑魔汤”。由于排放的污水中含有大量有毒化学物质，如铅、汞以及一些重金属等等，致使周围的环境受到了极大破坏。附近的河流变得像毒蘑菇一样五颜六色，河流内的鱼虾等生物大部分都已绝迹。同学们可以想象一下，住在周围的人及其他生物如果喝了这样的水，该是多么的可怕，这样的“黑魔汤”所灌溉出来的秧苗，结出来的粮食，我们人类吃后又会怎样呢？会不会造成中国的水俣病呢？

例如，被国务院公布为“全国重点文物保护单位”，被誉为“中国史前考古的发祥地”的水洞沟旅游区，区内水系长7.5千米，湖泊面积将近30万平方米，湖内生存着鲫鱼、鲤鱼、鸳鸯等多种鱼类和水鸟。这里还有着距今3万年前的古人类生活遗迹，是迄今为止我国在黄河地区唯一经过正式发掘的旧石器时代遗址。但是由于上游化工厂所排放的污水，水洞沟内的野生鱼类遭到了灭顶之灾，数百条死去的野生鲫鱼横陈岸边，清澈碧蓝的湖水变得浑浊不堪，以往的美景已不复存在。

现在，不仅内陆的河流正遭遇着这样的威胁，就连作为生命之源的海洋，每天也同样遭受着这样的污染。联合国环境规划署发表的报告称：污水排放对海洋的污染正在与日俱增，目前在许多发展中国家，80%~90%的污水都是未经处理而直接排入海洋的，这对人类的健康和海洋生物都已经构成了越来越大的威胁。全球每年花在治疗及保健

你能看出原来的颜色吗

赤潮

海洋沿岸地区污染引起的疾病的费用就将近160亿美元。

由于环境污染，大量含有各种含氮有机物的废污水排入海水，海水中的赤潮藻因而大量繁殖，从而致使海洋生物大量死亡，给海洋环境及渔业生产带来毁灭性的影响。我国赤潮灾害现在有着日益加重的势头，范围由原来分散的少数海域，发展到现在的成片海洋，尤其是一些重要的海洋鱼类贝类养殖基地。

污水排放所造成的这些让人震惊的恶果，警示着我们一定要爱护水资源，不仅要节约用水，更要去保护水资源不受破坏，国家为此专门颁布了有关污水排放的法规，但是，仍然有一些不法分子——"坏女巫"在危害我们周围的环境，让我们团结起来，拿起法律的武器，一起抗击这些不法行为，为保护我们的水资源而努力！

黄河妈妈，我爱你

同学们，提到黄河，我想大家一定都不陌生。她是我们的母亲河，长达5464千米，源于青海巴颜喀拉山，共流经9个省区，是中国第二长河，世界第五长河，同时也是世界上含沙量最多的河流。你们知道她的英文名字是什么吗？是Yellow River，一条黄色的河流。

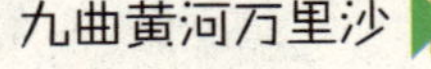
九曲黄河万里沙

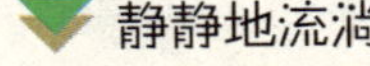
静静地流淌

从高空俯瞰，黄河恰似一个巨大的“几”字，又很像中华民族的龙图腾。她从青藏高原越过青海、甘肃的险峻山岭；又横跨过宁夏、内蒙古的河套平原；激流于山西、陕西之间的雄山大谷之中；再从龙门一跃而出，在华山之下掉头而东，横跃于华北平原，奔腾于渤海之滨。其壮美磅礴之态势自古就吸引了不少文人墨客、名师大家，历来吟咏黄河之词比比皆是：如王之涣的《登鹳鹊楼》——白日依山尽，黄河入海流；李白的《公无渡河》——黄河西来决昆仑，咆哮万里触龙门；刘禹锡《浪淘沙九首》—— 九曲黄河万里沙，浪淘风簸自天涯……可谓数之不尽。

“几”字黄河

黄河壶口瀑布

而且，黄河的鱼类资源极其丰富。干流共有鱼类121种，其中纯淡水鱼类有98种，主要的经济鱼类有花斑裸鲤、瓦氏雅罗鱼、鲫鱼等。上游鱼的种类也有16种，主要是鲤科、鳅科两科的裂腹鱼、雅罗鱼、条鳅。中下游鱼类以鲤科为主：中游有71种鱼类；下游的鱼类种类和数量都较多，有78种，其中有多种过河口鱼类及半咸水鱼类。

但是，由于近年来黄河水域生态环境的破坏，现存鱼类已不到百种。黄河上游生态环境不断恶化，水土流失严重；干旱少雨等气象灾害频发；化工厂废水的随意排放，尤其是近年来，随着经济发展，黄河流域废污水排放量比20世纪80年代多了一倍，达44亿立方米，黄河中下游几乎所有支流水质常年处于劣五类状态，支流基本成了“排污沟”，致使黄河含沙量不断增大，水量日趋减少，污染越来越严重。

奔腾壮阔的母亲河

为了维护黄河水域生态，保护珍贵的野生动植物资源，减少污染，一些沿岸省市实施了“增殖放流”计划，以黄河附近的鱼种为主

黄河乾坤湾

要投放对象，并逐渐增加投放数量，同时在黄河沿岸植树造林，加大水土保护力度，关闭一些排放超标的厂矿来保护母亲河。

其实，被称为“母亲河”的黄河水量并不丰沛，但却以占全国河川径流2.4%的有限水资源，滋养着全国12%的人口，灌溉着15%的耕地。1972年起，黄河经常出现断流，其原因概括起来主要有以下几点：全球变暖、植被破坏和灌溉方式的落后。可以说，如果对黄河用水再不加以严格管理的话，黄河很可能面临永久性断流的恶果。

看了这些有关黄河的资料，大家一定对黄河污染和严重缺水的状况十分震惊。让我们以后更加节约用水，从小事做起，为我们的母亲河贡献自己的一份力量！

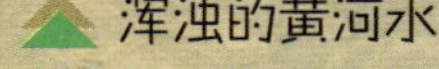
浑浊的黄河水

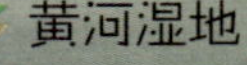
黄河湿地

可怕的“痛痛病”

同学们，你们听说过日本的痛痛病吗？得了这种病的人会一直喊着“痛啊！痛啊！”，直到死去，所以这种病被称为“痛痛病”。从1931年起，日本富山县神通川流域突然出现了这种怪病，很多经济条件、家庭氛围、人缘关系等都无可挑剔的妇女却莫名其妙地自杀了。究其原因，她们都说是由于骨痛，而且痛得非常厉害，甚至用一个痛字都不足以形容。这些死去的病人刚开始是劳动过后感到腰、手、脚等关节疼痛，在洗澡和休息后则会感到身体轻快些，但是一段时间后，全身各部位就会继续感到疼痛，骨痛尤烈。进而骨骼会软化萎缩，以致呼吸、咳嗽时都会痛苦难忍，最后因无法忍受剧烈的痛苦而自杀。

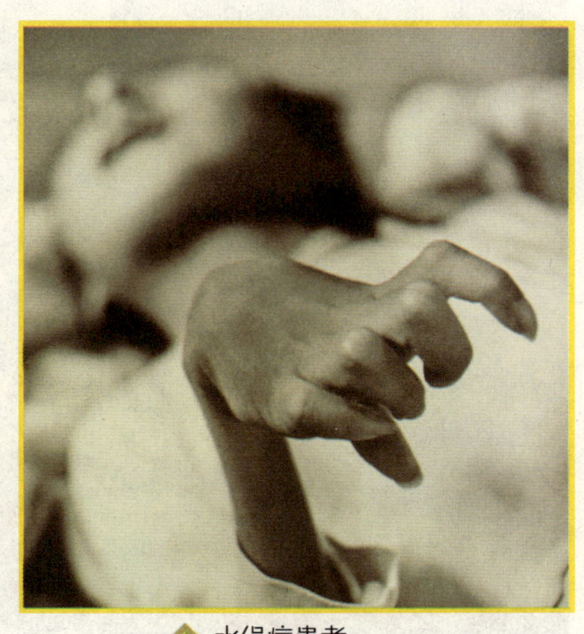

水俣病患者

后来经科研人员调查，“痛痛病”是镉中毒引起的，患者发病时手足疼痛，全身各处都很易发生骨折。它是由于工业废水中的污染所造成的。当时正是日本经济开始腾飞的黄金时期，由于当时的日本政府片面追求经济的发展，却忽视了环保，因此日本曾出现过“痛痛病”等一系列由于食物污染所导致的污染公害事件。

例如，在日本九州南部熊本县的水俣市发生过的

痛痛病纪念碑

风景怡人的富士山

水俣病纪念碑

“水俣病”。1953年，水俣镇出现了一些生怪病的人，这些人开始时口齿不清，走路不稳，面部痴呆，进而眼瞎耳聋，全身麻痹，精神失常，嗜睡和兴奋异常不断交替，最后身体弯弓高喊而死。后来经调查发现，原来是日本氮肥厂把大量含汞的废水排放到水俣湾里，汞被鱼吸收之后在体内累积形成甲基汞，人和动物吃了这种毒鱼后就会致病死亡。目前已知水俣市的受害人数多达1万人，死亡人数超过1000人。为了恢复水俣湾的生态环境，日本政府花了14年的时间。在整个水俣病公害中，日本政府和企业至少花费了800亿日元。

看到日本在经济发展时期所犯的错误，我们一定要引以为鉴。在发展经济时，要走可持续发展的道路。不仅在日常生活中要节约用水，更不能去污染它、破坏它，那样只会导致更恶劣的后果。为了人类的未来，我们一定要保护好水资源，保护好我们人类赖以生存的生命之源。

工业废水导致了一系列污染公害事件

美丽的红色海洋杀手

“赤潮”，被喻为“红色幽灵”，国际上也称其为“有害藻华”。这是现在常见的一种海洋污染。

美丽的杀手

被污染的大海

赤潮又称红潮，它是由海藻家族中的赤潮藻在特定环境条件下爆发性地繁殖所造成的。海藻家族非常庞大，除了一些大型海藻外，很多都是非常微小的植物，有的是单细胞植物。根据引发赤潮的生物种类和数量的不同，海水也会相应呈现出黄、绿、褐等不同颜色。赤潮是一个历史沿用名，它并不一定都是红色，实际上是许多赤潮的统称。赤潮发生的原因、种类和数量的不同，水体也会呈现不同的颜色，有红色、砖红色、绿色、黄色、棕色等。值得一提的是，某些赤潮生物（如膝沟藻、裸甲藻、梨甲藻等）引起的赤潮，有时并不会引起海水呈现任何特别的颜色。

受赤潮污染死亡的鱼类

虽然赤潮很美丽，但其实它可是一个潜在的海洋杀手。首先，赤潮的发生，使海洋的正常生态结构遭到了破坏，同时也破坏了海洋中的正常生产过程，威胁到了海洋生物的生存。

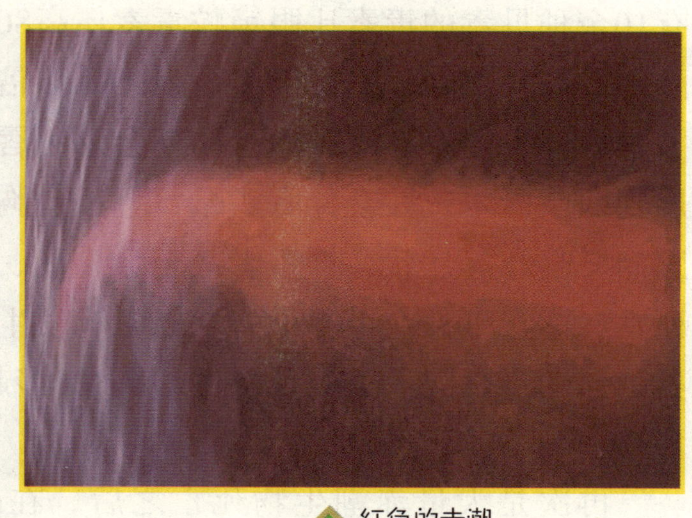
红色的赤潮

其次，有些赤潮生物会分泌出黏液，粘在

越来越少的水

虚假的美丽

鱼、虾、贝等生物的鳃上，妨碍它们的呼吸，导致它们窒息死亡。含有毒素的赤潮生物被海洋生物摄食后同样能引起中毒死亡。由赤潮引发的赤潮毒素统称贝毒，目前确定有10余种贝毒的毒素比眼镜蛇毒素还高80倍，比一般的麻醉剂，如普鲁卡因、可卡因还强10万多倍。如果人类误食了含有贝毒的海产品，中毒初期会感到唇舌麻木，随之发展到四肢麻木，并会伴有头晕、恶心、胸闷、站立不稳、腹痛、呕吐等症状，严重者甚至会昏迷、呼吸困难，以致死亡。中毒事件在世界沿海地区时有发生。据统计，全世界因赤潮毒素的贝类中毒事件约有300多起，死亡已达300多人。

再次是大量赤潮生物死亡之后，在分解尸骸的过程

中同样要大量消耗海水中的溶解氧，从而再次造成缺氧环境，引起海洋生物的死亡。

赤潮的危害这么大，那它是如何形成的呢？除了水文气象和海水理化因子的变化外，赤潮形成的原因主要是由于城市工业废水和生活污水大量排入海中所造成的。

可见，对于防治水污染这件事我们一定要认真对待。同学们，水污染的危害可真不小，仅仅节约水是远远不够的，防止水污染也同样重要。为了我们良好的海洋生态环境，我们一定要处理好污水，只有人人都努力了，大家才会有一个美好的地球家园，一个适合人类居住的家园。

海水变色了

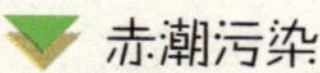
赤潮污染

听得懂“我爱你”的水精灵

水精灵很纯洁

水精灵也懂“我爱你”

同学们，曾经有一位著名的老禅师讲过，每一个水分子都是一个小小的水精灵，它们可以感受到人们对它的爱或厌恶。这个理论也曾被日本的江本胜博士证明过，他还在自己的作品《水知道答案》中举了这样一个例子：当你对着一杯水用心而认真地说“我爱你”，再把这杯水冷冻后拿出来，在显微镜下就可看到这杯水内的水结晶都是非常对称、非常美丽的雪花状；而当你对着水说“我恨你”或“我讨厌你”后，再冷冻得到的水结晶就会是非常难看的不规则图形。

可见，水是有灵性的。其实，大自然万物皆是如此，当我们善待大自然时，它也同样会回报我们；而我们随意而粗暴地对待它时，它也会暴戾地回复我们。就拿水来说吧，当我们善待它爱它，不随意乱抛杂物，不向它乱倒污水，好好地节约它，水会回报给我们什么呢？作为生命之源，它会汩汩而流，滋润着大地上的花草树木，滋养着江海内的无数鱼虾走蟹，哺育着岸上善良的人们，给我们一个清澈、通透、晶莹的世界。

而我们现在又是如何做的呢？随意地浪费水，让污水废水残酷地毒蚀它，我国现在大约有80%的水资源已被污染。而我们又得到了什么呢？是水对我们残酷的报复：发展中国家近10亿人喝不上淡水，全世界每年有1000万人死于因饮用脏水或污染水引起的疾病。而更令人不安的是，在世界许多地区，都隐伏着国与国之间为争夺水资源而发生冲突的危机。甚至连远在冰天雪地的南极企鹅体内也发现DDT等农药

请爱护我们吧

残余。蓝天碧水已经成为许多人儿时的记忆，成了人们遥不可及的梦想。

看到这么鲜明的对比，同学们，你们会有什么样的感悟呢？我们是不是更应该努力节约我们的水资源，不要让更多的罗布泊形成呢？当有一天，和我们一样的小朋友已经看不到蔚蓝澄澈的天空，看不到奔腾壮阔的河流，看不到活泼可爱的鱼儿，他们该是多么的遗憾啊！所以，让我们从现在做起，保护好水资源，给比我们更小的小朋友们一个干净健康的环境，好不好？

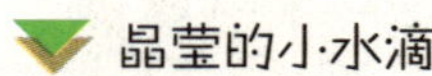

晶莹的小水滴

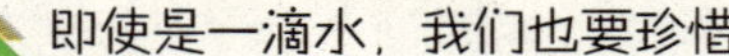

即使是一滴水，我们也要珍惜

你知道节水日吗

同学们，你们听说过节水日吗？大多数人都听说过禁烟日、世界和平日，但是很少有人听说过节水日。那好，现在我就给你们介绍一下节水日吧。

拧紧水龙头

首先，给大家介绍一下节水日的由来。1993年1月18日，联合国为了缓解世界范围内的水资源供需矛盾，根据《21世纪议程》第18章有关水资源保护、开发、管理的原则，在第47次大会上通过了193号决议，决定从1993年开始，确定每年的3月22日为"世界水日"。决议提请各国政府根据自己的国情，在这一天举办一些具体的宣传活动，以提高公众的节水意识。于是，节水日就这样诞生了。

历年节水日都有一个不同的主题，下面是截至2010年止每一年节水日的主题：

1994年，关心水资源是每一个人的责任。

节水，刻不容缓

1995年，女性和水。

1996年，解决城市用水之急。

1997年，世界上的水够用吗？

1998年，地下水——无形的资源。

1999年，让每个人都生活在下游。

2000年，21世纪的水。

2001年，水与健康。

2002年，水为发展服务。

2003年，未来之水。

2004年，水与灾害。

2005年，生命之水。

2006年，水与文化。

2007年，水利发展与和谐社会。

2008年，涉水卫生。

2009年，跨界水——共享的水、共享的机遇。

2010年，关注水质、抓住机遇、应对挑战。

此外，我们国家也有自己的节水日，你们知道吗？1988年《中华人民共和国水法》颁布后，水利部即确定每年的7月1日至7日为“中国水周”，考虑到“世界水日”与“中国水周”的主旨及内容的相同性，故从1994年开始，把“中国水周”的时间改在了每年的3月22日至28日，时间的重合为的是使宣传活动更加突出“世界节水日”的主题。而且，我们国家还有专门的节水标志，“国家节水标志”由水滴、人手和地球变形构成：绿色圆形代表地球，象征保护地球生态的重要措施是节约用水；标志留白部分像一只手托起一滴水，手是拼音字母JS的变形，谐音是节

国家节水标志

节水日上让我们小朋友也为节水工作作一点贡献吧

水，表示节水需要公众参与，鼓励节水从自己做起，人人动手来节约每一滴水；手又似一条蜿蜒的河流，象征滴水汇成江海。整个标志将节水精神淋漓尽致地表现了出来，十分传神。

同学们，了解到了这么多有关节水日的知识，我们就应该更加爱惜水资源，多向我们的家人及同学宣传节水的有关知识，不仅在节水日里节约用水，在平时更应该节约用水。

洗澡不再浪费水

洗澡

洗澡是人们日常生活中必不可少的一件“大事”，特别是在炎热的夏天，冲个澡很舒服；南方炎热地区居民甚至一天要冲几次凉。据有关部门统计，居民洗澡用水约占生活总用水量的1/3。在这里我们总结了几个洗澡时的注意事项，帮助大家在不影响洗澡效果的前提下不浪费水。

1 洗澡不要太频繁

过于频繁地洗澡不仅浪费水，而且对皮肤也没有好处，特别是在干燥的秋冬季节。这是因为洗澡在除去皮肤上的油脂和皮屑的同时，还会洗掉保护皮肤表面的皮脂。如果洗澡频繁，还容易引发皮肤瘙痒。因此每周洗澡以1~2次为宜。而且洗澡后5分钟内最好能抹一些护肤品，防止身体内的水分过分流失。

2 洗澡首选淋浴

综合比较，淋浴比盆浴更能省水，淋浴5分钟用水仅是盆浴的1/4，而且淋浴既方便又卫生。

3 缩短洗澡时间

洗澡

淋浴时间一般别超过15分钟，每过5分钟会流掉13~32升水，洗澡要抓紧时间。另外，如果洗澡时间长了，人会因皮肤、肌肉过度松弛而引起疲倦、乏力，而且吸入由热水中挥发出来的有机氯化物也比较多，对人体有害。因此，专家建议，盆浴20分钟、淋浴10分钟即可。

4 间断放水淋浴

淋浴时不要让水从始至终地开着，洗头发时、抹浴液时、搓澡时不要怕麻烦，把水关掉，冲的时候再打开喷头。这样下来，每次洗澡至少可节省约30升的水。

5 盆浴节水有窍门

如果你十分喜欢盆浴，要注意水不要放满，有1/3~1/4就足够用了。还可以使用节水浴缸，因为它不仅容积小还可使用循环水。

6 多人连续洗澡可省水

如家中多人需要淋浴，可几个人接连洗澡，能节省热水流出前的冷水流失量。不但省水，而且省电或煤气。

7 软管越短水越省

淋浴喷头与加热器的连接软管越长，打开后流出的冷水就会越多，通常这些清水都会被放掉而造成浪费，所以软管应尽量短。要是受条件限制必须加长的话，可在打开喷头前在下面放一个干净的盆，专门接这些清水，这些水可以用来洗脸洗手或冲马桶。

淋浴管选择短些好

8 洗澡的时候别洗衣

洗澡时不要同时洗衣服

最好不要在洗澡时“顺便”洗衣服，因为用洗澡时的流动水洗这些东西，会比平时用盆洗浪费3~4倍的水。

9 洗澡水巧利用

把洗澡冲下的肥皂水和洗发水等有化学物质的水收集起来，可用于洗衣、洗车、冲洗厕所、拖地等（可节省清洁剂的用量）。洗澡水里有肥皂香味，拖过地之后会有淡淡清香，可以节省掉地板清洁剂或芳香剂，不妨一试。

节水小窍门18例

我们相信大家都是节约水资源、爱护水资源的好孩子，所以，这一次，我们要给大家推荐18种节水的小窍门，希望对大家能有所帮助。

水来之不易

1.厕所的水箱过大时，可以在水箱里放一块砖头或一只装满水的大可乐瓶，这样就可以减少每一次的冲水量。

2.洗脸水用后可以接着用来洗脚，养鱼的水可以用来浇花，淘米水以及煮过面条的水都可以用来洗碗筷。

3.家中应准备一个专门装废水的桶，用来收集洗衣或洗菜后的家庭废水冲厕所。

4.保存使用空调时滴下的水，可以用来冲厕所。

5.洗澡时不要将喷头的水自始至终开着，尽可能先从头到脚淋湿一下，全身涂肥皂搓洗，最后一次冲洗干净。

节水，拯救生命

6.用洗衣机洗衣服时，水位不要放得太高。

7.可以用洗衣水洗拖把、地板，再冲厕所，第二道洗衣水擦门窗及家具。

8.便后尽量不开大水管冲洗，而充分利用使用过的“脏水”来冲。

9.夏天给室外地面洒水，尽量不使用清水，而充分利用洗衣水。

10.告诉爸爸妈妈清洗车辆时尽量不用水冲，而用湿布

擦，太脏的地方可以用洗衣水冲洗。

11.家庭浇花可以选用剩茶水、淘米水。

12.洗涤毛巾、瓜果蔬菜等，可以用盆盛水洗，而不要开着水龙头放水冲洗。

节水宣传画

13.将卫生间里水箱的浮球向下调整2厘米，每次冲洗就可节省水近3千克；按家庭每天使用四次算，一年可节水4380千克。

14.爸爸妈妈用洗衣机洗衣服时，建议他们满桶再洗，若分开两次洗，则会多耗水120千克。

15.建议爸爸妈妈选用节水型厕所设备，每次可节水4~5千克。

怎么样，同学们，看了这些节水小窍门后，是不是感觉受益匪浅呢？我们在日常生活中一定不要忘了使用，希望我们都能成为节水小卫士，为我们国家节水事业多作贡献。

《救救非洲的难民》

获得了普利策新闻大奖的经典作品《救救非洲的难民》不知道同学们看过没有，如果你们没有看过的话，今天就向大家介绍一下这篇作品。

挣扎在生死线上的非洲难民

非洲小朋友

非洲发生旱灾的时候，那里的孩子们大部分都因为缺水离开了人世，活下来的也都瘦小可怜，比一比我们现在的生活，我们真的是太幸福了。大部分同学一定都没有体验过这么恶劣的生存环境。但是我们可

以想象一下，家里一定遭遇过意外的停水，想想我们那个时候的情况，将心比心，我们就会明白非洲这些缺水的孩子们的不幸了。

非洲缺水的状况源于它特定的自然环境及历史环境，但是，我们难道就不应该节约用水了吗？就可以随便地污染水资源来毒害我们自己了吗？我们是不是更应该居安思危呢？在日常生活中，我们应该注意要节约用水，好好保护我们现有的水资源。我们可以把水节约起来，去帮助那些需要帮助的人。

人类需要水

况且，我们国家水资源的状况也并不像想象中的那么乐观。其实，我国也是一个水资源短缺的国家，水资源时空分布非常不均匀。近年来我国连续遭受严重干旱，旱灾发生的频率和影响范围不断处于扩大的趋势。目前全国 600多个城市中，400多个缺水，其中100多个严重缺水，而北京、天

当地的土著人

用来拉水的鼓，可以把多达75升的水运回家

津等大城市目前的供水已经到了严峻时刻，缺水问题愈加突出。另外，洪水灾害对国民经济发展和社会安定也存在着相当大的威胁，水资源利用效率不高及水资源普遍受到污染的状况也的确令人堪忧。

可见，节约水资源，强化水资源稀缺意识已经到了刻不容缓的地步。同学们，让我们大家节约每一滴水，从自己做起，从小事做起。既是为了我们自己，也是为了我们的国家，为了我们的地球，更为了我们的下一代，留一些纯净的水资源吧！

人类需要水资源

节水
应该从身边做起

我国是一个水资源极度匮乏的国家，因此，对节水的宣传力度非常大。大家都听说过“节约用水”的宣传口号吧，我国还专门规定有节水周，设计有节水标志。但是，节水不应该只是一句口号而已，它更应该落实到我们的实际生活之中。把节水的观念真正地体现在行动中，从身边的每一件小事做起。

水

每一滴水都很珍贵

我们在日常用水中，稍加留意就会发现自己身边的确存在着这样或那样浪费水资源的现象。我们经常可以看到有的小朋友洗完手后不关水龙头，但是你们知道吗？一个关不紧的水龙头一个月会流掉1~6立方米的水；还有的人家里马桶漏水了也不在意，一个月就会浪费至少3~25立方米水，真是让人心痛！听专家说，如果全国的城市家庭都把坐便器或淋浴器换成节水产品，每个月

节约用水，不应该只是一句口号

节水要从身边做起

就可以节水4.9亿吨。面对频频告急的全国用水形势，每个家庭的节水行动对节约用水来说，都是不可缺少的。

节约用水，不应该只是一句口号，应该从爱惜一点一滴的水做起。牢固“节水光荣，费水可耻”的观念，在每一件小事上都要注意节约用水。家庭用水尽量做到一水多用，像用淘米水洗菜，不仅节约清水，对去除蔬菜表面的农药还很有利；洗菜水可以用来浇花；洗澡水及空调滴下的水可以用来拖地或是冲马桶；家里最好安装节水龙头，经常检查一下家里的水龙头是否完好，有无漏水的状况；最好使用节水型马桶，家里一般的马桶也会浪费掉很多的

虽然海水看起来很多，但它并不是饮用水

清冽之甘泉

用澡盆洗澡来洗澡也是节约水哦

水；洗澡的时候，我们可以用洗澡盆来洗，站在上面冲凉，让经过自己身体的水流到盆子里，装满后还可以用来清洗厕所。所以说，只要我们动动脑筋，一定会有很多好办法的。大家都是聪明的孩子，一定会想出更多节水的办法。

让我们一起努力，从身边做起，从小事做起，不是有句谚语“平时节约一滴水，难时拥有太平洋”吗？相信经过我们的努力，一定可以把节水工作做得很好。让我们人人争做节水小卫士，为我们的地球作一点自己的贡献，让蓝天碧水长存，给鱼儿一个畅游的空间。

中东地区的水危机

说到阿拉伯和以色列，大家一定都不陌生，那可是现在地球上战争最频繁的地方了，但是同学们，你们知道那里因为什么而打得这么没完没了吗？除了大家都知道的政治和宗教原因，还有一个很重要的原因——水资源的危机。

中东是世界上石油出产量最高的地区，但它却也是水资源最奇缺的地区。中东地区雨量非常少，离地中海215千米的开罗年平均降水量仅有28毫米。中东地区21国的人口正以平均百分之三的速度迅速增长，而人口的增长则进一步加速了水资源的紧张状况。

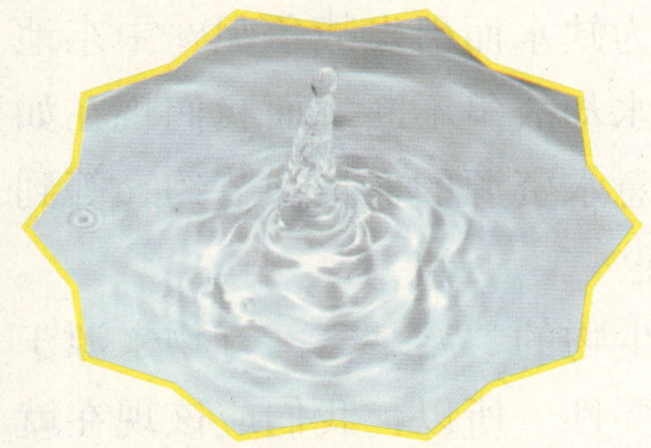
不要因为经济发展而忽略了对水资源的保护

中东绝大多数国家淡水不足，因而围绕水资源问题之争一直没有停止过，阿拉伯和以色列的水资源之争在中东水资源的各种矛盾中尤为突出。

人类生活不能没有水

阿拉伯和以色列之间爆发的5次中东战争几乎都与水资源密切相关，这成为中东局势长期动荡不安的一个主要原因。而日益严重的水资源短缺也已经成为中东各国急需解决的问题。阿拉伯国家联盟秘书长指出，水资源已成为事关阿拉伯国家生死存亡的战略问题，其重

绿色和平离不开水资源

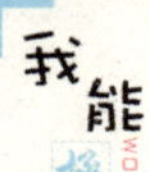

要性绝不亚于安全问题。

可见，水资源缺乏已经成了世界面临的主要问题。大家可以想一想，如果我们现在不注意保护现有的水资源，我们国家会不会有一天也因为缺水而引发战争呢？中东地区石油很丰富，但是因为缺水却战争不断。而我们现在如果只注重经济发展，而不注意水资源的保护和节约，等到有一天后悔时，又有什么用呢？

泰勒斯说过：水是一切生物的“始基”，万物来源于水又复归于水。可见水的重要性。所以，我们应该现在就养成良好的节水意识，节约每一滴水，千万不要等到“有心无水，海也成悔”的那一天，让我们现在就好好珍惜身边每一个节水的机会，争做节水小卫士！

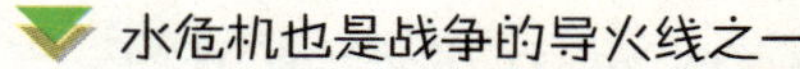
水危机也是战争的导火线之一

人造纤维网，沙漠变绿洲

这是一个有关节水发明的小故事，这个故事非常有趣。下面大家就一起看一下加拿大物理学家罗伯特是如何大显神通，把沙漠变成绿洲的。

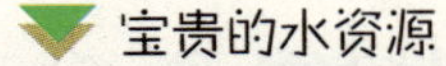
宝贵的水资源

只要开动脑筋，我们也可以想出好办法

我们是不是也能做一些小创造呢

蛛网带来的启示

在智利北部，有一个叫丘恩贡果的小村子，它的地理位置很特殊，西临太平洋，北靠阿塔卡玛沙漠，太平洋的冷湿气流与沙漠上的高温气流在这里终年交融，形成了当地多雾的气候特点。但是浓雾对这片干涸的土地一点帮助也没有，白天强烈的日晒蒸发很快殆尽了浓雾。所以，一直以来，在这片干旱的土地上，人们从来没有见到过绿色。

一位名叫罗伯特的加拿大物理学家的到来，改变了这种状况。除了村子里的人，他发现附近基本没有别的生物，但却发现这里处处密布着蛛网，这说明蜘蛛在这里四处繁衍。可为什么蜘蛛能在如此干旱的环境里生存下来，而别的生物却不行呢？是不是和这些密布的

蛛网有关呢？于是，罗伯特开始研究这些蛛网。借助电子显微镜，他发现这些蛛丝具有很强的亲水性，非常容易吸收雾气中的水分，而蜘蛛正是借助这些水分在这里生生不息。

于是，罗伯特想：人类为什么不能像蜘蛛那样，织网截雾取水呢？在智利政府的支持下，罗伯特研制出一种人造纤维网，在当地雾气最浓的地段，把这些人造纤维网排成网阵，反复拦截穿行其间的雾气，把雾气形成的大的水滴，滴到网下的流槽里，这样就形成了新的水源。

现在，罗伯特发明的人造蜘蛛网每天平均截水10580升，而在浓雾季节，每天则可截水131000升，不仅满足了当地居民的生活需要，还可以用来灌溉土地。百年不见的鲜花和青绿的蔬菜终于又出现在了这片土地上。

节水发明不仅仅是科学家的事情，只要我们开动脑筋，一样可以想出很多好办法。

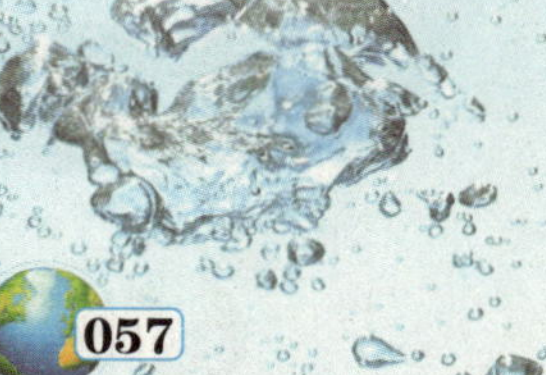

世界各国政府的节水政策

节水现在已经成了一个世界性的课题，不仅我国一直在宣传节水，世界其他各国政府对节水的宣传力度也非常大。下面，就给大家说说别的国家是如何节水的。

先看看美国吧，它可是个典型的节水型国家。美国环保署从改变人们的不良用水习惯及使用节水产品着手，提出了许多节水的措施，而且涉及家庭用水的各个环节。比如说：不用水的时候不要让水空流；自来水管道系统有了渗漏需要及时修理；减少浪费等等。有关部门还时常提醒大众：不要开着水龙头刮胡子和刷牙；尽量缩短淋浴时间；打肥皂和抹洗发水的时候关上水龙头；盆浴时浴缸半满就可以了。厨房的节水办法有：洗水果和蔬菜时要放在盆里洗；不用水来解冻食品；用手洗碗时，在洗涤槽内充水漂洗；甚至盛夏缺水时，华盛顿市还曾出台过临时法律，禁止人们在某一时间段内给自家草坪浇水，否则一旦发现，立即罚款。

拯救每一滴水

下面再看一下日本，在日本，保护水资源、节约用水的观念已经深入人心。虽然日本可供利用的水资源有1000亿立方米，除了东京和福冈外，全国别的地方都不存在缺水问题，但日本人保护水资源的意识却非常强。到处都张贴着节水的标语，就连公共厕所红外感应的节水装置，也让人感到日本人的节水意识无处不在。家庭生活中，日本人也很注意节水。日本媒体常常专门制作和播放一些有关节水的节目，如洗完菜后应该注意先关水龙头，然后再把菜放好；做油炸食物后锅里沾满了

油，洗起来很费水，要先用纸把油擦净后再用水洗，这样既可以节约用水，也可以减少对水源的污染。总之，日本人节水很注意从点滴做起。

说到节水，不得不说到以色列。这个被《圣经》描述为“流着奶和蜜”的乐园，却是一个典型的缺水国家。60%的国土面积属于干旱地区，水资源被政府称之为“21世纪的能源”，甚至被提升到了关乎国计民生的战略层面。因此，以色列一直致力于开发水技术，增加淡水来源，提高水资源利用率。以色列结合自身国情在水资源利用、回收和管理方面已经摸索出了一套成功的办法，在农业产量增长12倍的同时，农业用水量却只增加了3倍。由于农业生产用水量大，为了鼓励节约用水，当地政府给农民用水规定了阶梯价格。而且，在以色列节水技术中，农业的灌溉技术已经用上了先进的自动阀和计算机控制技术。另外，政府还注重将节约用水政策贯穿于实际生活中，并严格加以有效实施。不少百姓家里基本都使用有两种冲水量的马

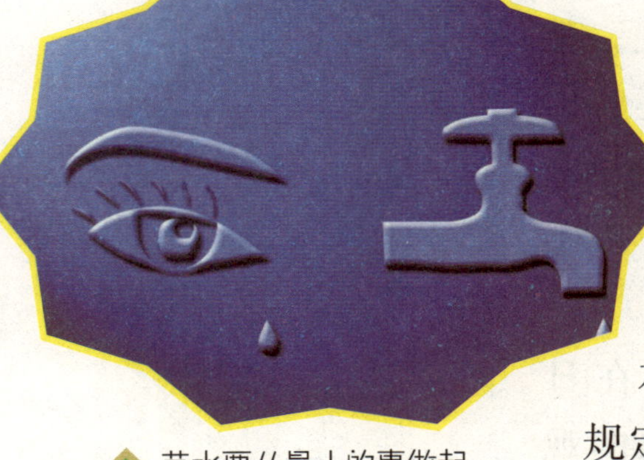

节水要从最小的事做起

小水滴的循环意义很重大

桶，分别用于大、小便后冲水，冲水量相差一半；同时实行奖惩配额用水制。专门颁布了有关具体条例，规定超过配额用水者要加价3倍。

为了节约用水，英国政府也出台了很多政策，“要节水，首先要知道使用了多少水”就是英国环境署常提的一句节水口号。英国环境署还发起了一项名为“水需求管理”的计划，定时免费向公众提供节水信息。据数据显示，英国水资源的30%被家庭所消耗，因此每个家庭对节水有着深刻的认识。数据还显示，刷牙的时候不拧紧水龙头，每分钟最

多会浪费5升水；但如果英格兰和威尔士的成人在刷牙时都拧紧水龙头，每天就能够节约18万吨水，足够为50万户家庭供水。另外，英国环境署还专门设立了“节水奖”，用来表彰对节水作出特殊贡献的组织。

巴西和德国都不缺水，但是在节水上，他们做得也绝不逊色。巴西拥有的淡水资源约占世界淡水总量的13.8%，但是巴西仍呼吁人们节水，如缩短冲澡时间，随手拧紧水龙头等。巴西还正式颁布了《全国水资源计划》，确定了在2020年前综合利用水资源的目标、投资规划和环保教育计划，制定了工业、农业和居民节约用水的指导方针。许多德国家庭也往往将煮面剩下的水用来刷油碗，洗衣服的水再拿来拖地。

一条最朴实的标语

目前全球约有8.84亿人用水困难，每年估计有150万5岁以下儿童由于不安全的饮用水、不安全的环境卫生等失去生命。面对越来越严重的水资源危机，世界各国纷纷展开节水行动，世界各国的节水手段和举措也是不可胜数。所以，同学们，我们自己也一定要养成良好的节水意识，在生活学习中好好节约水资源，为我们国家的节水事业贡献出自己的一份力量！

节水绝招

2010年西南的旱灾牵动了很多人的心，在我国节水抗旱的工作中，涌现出了很多先进集体和个人，有很多人的节水方法都很值得我们来学习。今天，有几个人就给我们带来了他们的节水绝招。

大家一起来努力

1 洗澡变成惭愧的事

李阿姨爱干净，每天都会把家里打扫得干干净净，因此平时家里的用水量都非常大。但是今年西南的旱灾使她意识到了水的重要性，于是，李阿姨除了平时在生活中注意循环用水，还把多年来养成的每天洗澡的习惯改成一周洗一次。

上周末，李阿姨在洗澡的时候，看到喷头中白花花的水源源不断地流进下水道，突然想起了新闻中刚刚播出的那些干涸的农民的模样，顿时觉得自己这么用水实在是太奢侈了，她不禁感到很惭愧。于是，李阿姨将身旁用于洗衣服的大塑料盆拿过来，站在盆中洗，这样一来，就可以将洗澡水集中起来冲厕所用，从而节约更多的水。

没有水，生命会是怎样的狼狈

只要开动脑筋，我们也可以想出好办法

2 同洗衣机“抢水”

让青田绿水永存

付阿姨最近与单位领导同事一同深入旱情严重的灾区，为农民送水送款，还帮助当地农民在方圆十多千米的深山中寻找水源。亲眼目睹了灾情的付阿姨，深深体会到农民因旱灾缺水所带来的恐慌和无助。于是，在不知不觉中，付阿姨变成了一名节水宣传员，不论在单位还是在家，甚至有时候在大街上遇到熟人，她都不厌其烦地向大家讲述农村旱情的严重形势，号召大家用尽一切方法来节约用水。

付阿姨平时工作很忙，一直用洗衣机来洗衣服。现在为了节约用水，家中的衣服特意积攒一星期才洗一次，而不是像以前那样只有一件脏衣服就立刻清洗。这天，洗衣机在阳台嗡嗡地洗着衣服，听着洗衣机排水的哗哗声，付阿姨突然从沙发上跳起来，拿起盆就往阳台跑，她想把洗衣服的水收集起来再利用。

惜水、爱水、节水，从我做起

3 少吃难洗的蔬菜

最近，范叔叔大大提高了节水意识，特意将在储物间沉睡了很久的水桶翻了出来，将用过的水收集起来再利用。

3月初，范叔叔上街买菜的时候，看到一家专卖塑料用品的商店门口聚集了许多正在购买塑料桶的市民。一打听，原来都是因为单位做了关于节水抗旱的教育工作，大家的节水意识增强了，专门买桶回去收集废水再利用的。吃饭时，范叔叔绘声绘色地向家人讲了看到街坊邻居买塑料桶的事情，说完，还指着饭桌上的炒白菜冷不丁地冒出一句："今后我们家要少吃白菜多吃茄子，洗白菜太浪费水。"

今年西南的这场旱灾使很多人都意识到了节水的重要性，也想出了很多办法来节水，我们也一定要多向这些人学习，在平时生活中节约用水，争当节水小卫士，为节水抗旱贡献我们的一份力量。

同学们的新发明

▲节水救地球

同学们，今天给大家介绍两位同学的发明。这两位同学都发明了节水装置，为节水工作作了很大的贡献，现在，我们就一起来看看他们的发明吧。

初中学生徐帆云发明的“家用污水循环处理装置”获得了国家专利，这项发明他只用了200来块钱，但只要装上这个装置，一个家庭每年就可以节约37.8吨水。

▼我是小小节水发明家

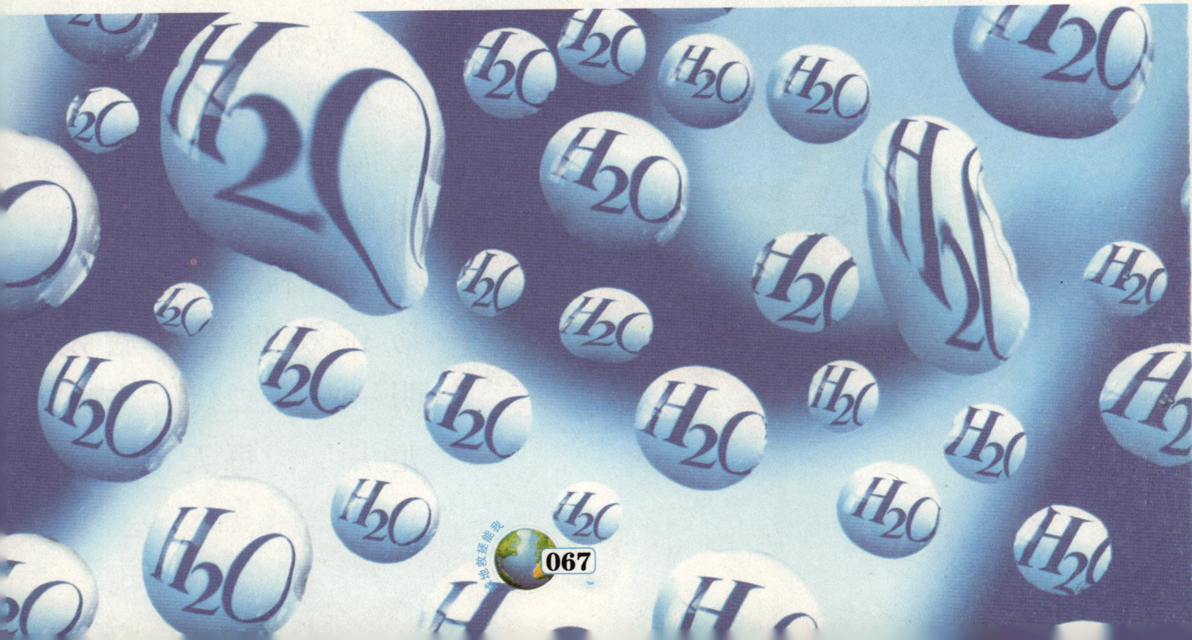

这个发明很简单，装置分上、下两个水槽，上面一个水槽用于清洗日常物品，清洗后的污水将通过一个双层的过滤网，流往下端的污水处理槽，污水处理槽设有一个水泵和上下两个水龙头。投入明矾后，再用水泵搅拌，沉淀一定时间后，上面的水龙头放出的水就可以用来家用，比如洗衣服、清洁等，而下面的水龙头放出的则是无法处理的污水和沉淀。

徐帆云说这项发明源于他小学四年级时看到的一则新闻，报道了国外的一个地方遭遇了干旱，很多人没水喝。他又想到妈妈平时用水很浪费，在洗衣服抹肥皂时常常忘记关水龙头，于是，徐帆云就用几个月时间研发出了一套净水装置。没想到，安上这个装置后，当月家里的用水就节约了3吨多。

水是不可替代的宝贵资源

另外一个小朋友的发明是节水龙头，南海中学的彭平同学用螺母、胶塞这些简单的材料，研制出简易高效的节水新发明——第二代“节水龙头”，每天可以为

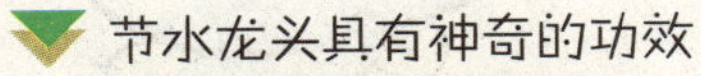
节水龙头具有神奇的功效

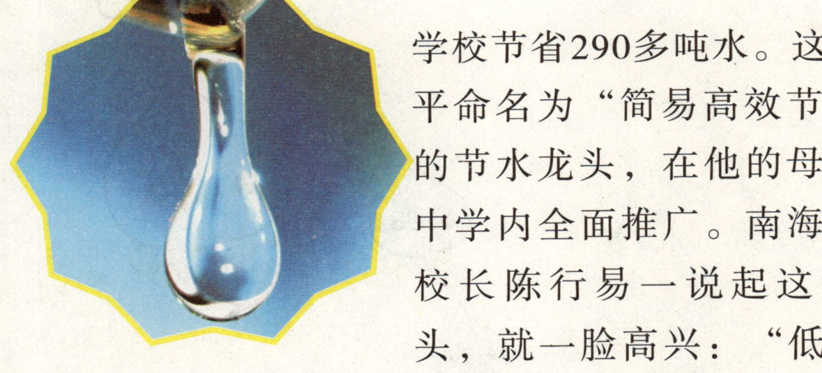

学校节省290多吨水。这款被彭平命名为“简易高效节水阀”的节水龙头，在他的母校南海中学内全面推广。南海中学副校长陈行易一说起这个水龙头，就一脸高兴：“低楼层出水量大的问题解决了，高楼层的水压也大了。连楼内水管的轰隆声都明显减轻了。”可见，彭平同学的这款节水龙头的确非常实用。

怎么样，这两位同学是不是很厉害啊？其实只要我们做个节水的有心人，在平时多注意，多观察，多思考，我们也一样可以有所收获。如果我们平时有了什么有关节水的小设想，不妨也可以试着做一做。也许，下一个小发明就出自你的手呢。

小水滴旅行记

大家听过《小水滴旅行记》的童话故事吗？这个童话非常的有趣，它讲的是小水滴的循环过程。下面，我们就一起读一下这个故事吧。

我是可爱的小水滴

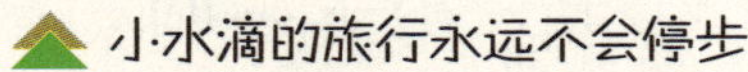

小水滴的旅行永远不会停步

有一个小水滴，它住在大海妈妈的怀抱里。有一天，太阳火辣辣的，正在睡觉的小水滴感觉身子变轻了，它飞上了天，对着大海妈妈挥挥手说：“妈妈，再见了，我要去旅行了！”然后，它就向辽阔的天空中飞去。

云里藏着无数小水滴

在天空中，它碰到了很多小水滴，它们在空中松松地聚在一起，变成了云彩。小水滴也在其中的一片云里。另一个小水滴说：“在空中感觉怎么样？”它说：“我很开心。”它们一起在空中飞了很久。小水滴说：“飞了这么久好累啊，我们下去回家吧。”其他小水滴都同意了，于是它们就紧紧地抱在一起，变成雨点落到了池塘里。

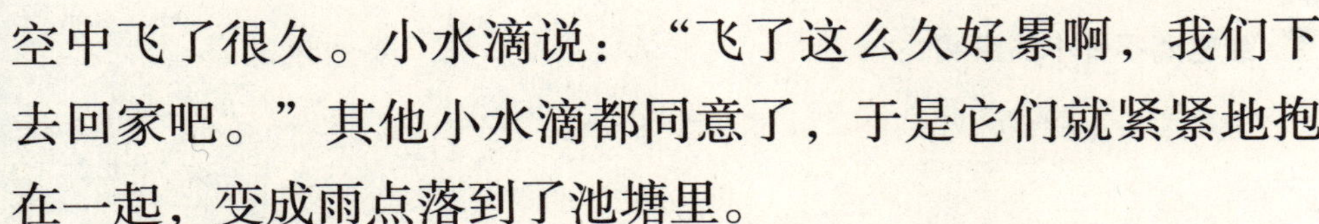

小水滴问池塘：“请问你知道海在哪里吗？”池塘说：“这个我不知道，你去问一下大江和大河吧。”于是，小水滴走进了小溪的怀抱里问：“请问你是河吗？你知道大海在哪里吗？”小溪说：“这里是小溪，不是

河，我的下游才是河。”小水滴一直漂流到了河里，它问：“这里是河吧，请问到大海怎么走呀？”河说：“你是从大海里来的要回去吧，你一直向下走，去问一问大江就知道了。”小水滴告别了河又向大江跑去，到了江里，小水滴问：“请问您能告诉我大海在哪里吗？我想家了。”大江笑着说：“顺着水流一直向前走，你就能找到大海妈妈了。”

小水滴说了声“谢谢”，然后高兴地向着大海跑去。过了几天，它终于又回到了大海妈妈的怀抱里。

这个故事向我们介绍了水的循环过程，在自然界中，水在地球上不停地流动和改变着形态。风吹日晒，使江河湖海中的水蒸发升入蓝天。动植物体表的水也会因呼吸、蒸发而进入大气。大气和云层中的水蒸气遇冷又化为雨、雪、冰雹而重返地面。自然界里的水，就这样不停地循环着。地球上的水连续不断地变换地理位置和物理形态的运动过程，就叫做水分循环或水文循环。

水循环把水圈中的所有水体都联系在一起，它直接涉及自然界中的一系列物理、化学和生物的过程。水循环对于人类社会及生产活动有着重要的意义。水循环的存在，使人类赖以生存的水资源得到不断更新，成为一种再生资源，可以永久使用；使各个地区的气温、湿度等不断得到调整。研究水循环与人类的相互作用和关系，对于合理开发水资源，管理水资源，改造大自然有着深远的意义。

水循环

同学们，知道了水循环的过程后，我们又增长了很多的知识，那我们是不是应该在水循环的每一个环节上都要好好地保护它呢？

大森林中的节水故事

下面是有关节水的一则小童话：

森林中的溪流

小兔

在一片大森林中，有一条清清的小河。小河边住着小鸭黄黄和小兔灰灰。

有一天，小兔灰灰到小鸭黄黄家玩。黄黄请灰灰坐在沙发上，然后说："灰灰，我们今天去洗澡吧！"灰灰答应了。

她们一起来到"森林浴场"。灰灰美

小鸭

美地坐在浴缸里，黄黄则负责放水。放呀放呀，水流出来了。灰灰说："好了好了，水太多了，不要再放了！" 黄黄说："没事，反正不用交水费，水是小河里的！" 灰灰生气地说："小河是我们的公共资源，水是有限的。怎么可以随便浪费呢？" 黄黄低下头想了想，惭愧地说："我错了。"

洗完澡，黄黄想把洗澡水放掉。灰灰说："别放别放！这水还有用呢！可以用水洗拖把、冲马

清清的森林河水

桶等等，不是经济节约吗？而且，我家房顶上还装了一个雨水收集器，每次下雨时，都可以收集雨水。家里还有一个‘脏水净化机’，可以把脏水净化，循环利用！够厉害吧！”黄黄不禁啧啧赞叹：“太棒了！太棒了！我以后也要像你一样做个节水小标兵哦！”

从此，黄黄逢人就宣传节水知识，在她和灰灰的宣传下，其他动物们也都变得爱惜水、善用水了。大森林里的小河永远是那么清，那么蓝，仿佛在夸奖小动物们的节水行为。

同学们，我们也可以充分发挥想象力，多写一些这样的宣传节水的小文章寄给杂志社。同学们看到这则节水小故事后，会受到很大的教育和启发，变得更加节约用水。

收集雨水

家庭节水金点子

家庭是社会最小的细胞基础，全民的节约活动采取逐步辐射的方式，由个人到家庭，由小家到国家，使全民了解节约的内涵、意义以及相关科普知识。让大众认识到在为小家节约的同时也在为社会作着贡献。

1.顺手关水龙头，洗手擦肥皂时，要关上水龙头。不要开着水龙头用长流水洗碗或洗衣服。看见滴水的水龙头一定要赶紧拧紧它。

2.安装节水龙头，在厨房和浴柜的水龙头下面安装流量控制阀门。

3.平时洗菜时，可以把所有的菜摘好，先洗干净一些菜，比如葱、蒜，西红柿、萝卜等，再洗较脏的菜，比如青菜，最后一遍洗菜的水还可以用来刷碗，天长日久可以节约不少水。

4.把空调排水管加长引到一个桶内，2小时就可以接一

节水龙头

升水。省下的水可用来浇花、洗手。

5.将卫生间里水箱的浮球向下调整2厘米，每次冲洗可节水近3升，按家庭每天使用4次算，一年可节约水4380升。

6.水龙头使用时间长就会有漏水现象，用装青霉素的小药瓶的橡胶盖剪一个与原来一样的垫圈放进去，可以保证滴水不漏。

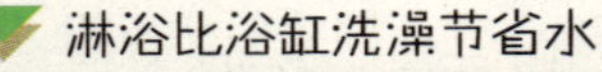

淋浴比浴缸洗澡节省水

7.多用喷头淋浴，这比用浴缸洗澡节省水量达80%多。

8.洗衣：不管是手洗还是机洗，一定要先用少量水加洗涤剂或肥皂、洗衣粉等要充分浸泡一段时间，先洗去污渍，再用清水漂洗若干

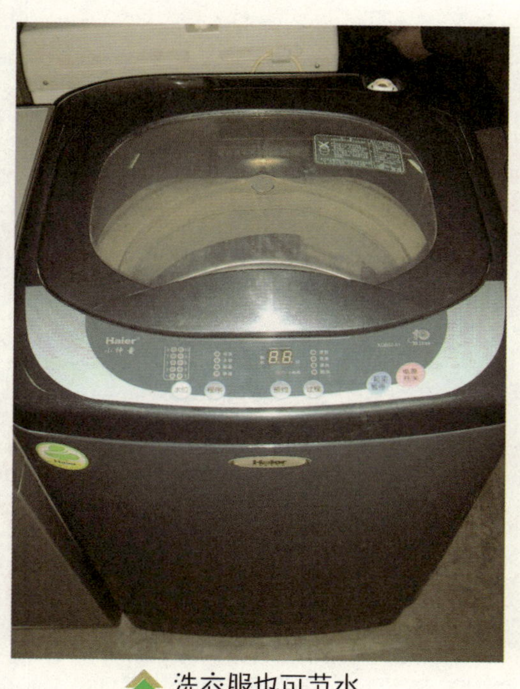

洗衣服也可节水

次。机洗时水位不要定得太高，要利用程序控制选择合适的水位段，一般以刚淹没衣物为宜。而且要适量配放洗衣粉，过量的洗衣粉不会使衣物干净多少，只会增加漂洗难度和次数。漂洗时要注意增加漂洗次数，每次漂洗水量宜少不宜多，也以基本淹没衣服为准，每次漂洗完后，尽可能将衣物拧干，再放清水。

无磷洗衣粉

9.选无磷洗衣粉，含磷洗衣粉进入水源后，会引起水中藻类疯长，水中含氧量下降，水中生物因缺氧而死亡。水体也由此成为死水、臭水。

厨房节水，滴滴计较

厨房也是离不开水的地方，洗菜、洗碗、淘米、做菜、熬汤……多多少少都得用到水，加起来一算，厨房用水也不少。如何在厨房这片小天地中合理用水、尽量节水，同样值得我们琢磨一下。

1 先浸泡后冲洗

在洗餐具时要先将餐具集中在水槽或者盆中泡一会，在水中加上少许洗洁精，在油污差不多被泡掉的时候再放入冲洗池中用水冲洗一遍，冲洗时要控制水龙头的流量。

2 餐具先擦后洗

有些餐具油污很多，你可以先用一张卫生纸把餐具上的油污擦去，接下来用抹布蘸上一点洗洁精逐个将碗擦一遍，最后再用适量的清水冲洗干净就可以了，这样不但节约了用水，也省了洗洁精。而且洗洁精用多了也会有残留，对身体非常不好。

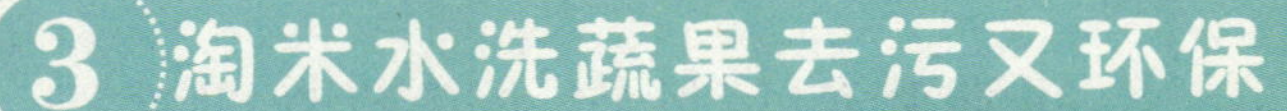

3 淘米水洗蔬果去污又环保

如果你是用洗洁精清洗瓜果蔬菜的话，还需要用清水再冲洗好几次才敢放心食用，而将蔬菜、瓜果放在淘米水或盐水中浸泡几分钟，再用清水清洗一遍就可以了，这样做不仅节约了用水，而且还能有效清除蔬菜上的残存农药，有益人体的健康。

4 收拾碗盘不叠放

我们在收拾碗筷时，如果碗盘不叠放可以避免碗底沾油，将油腻和不油腻的餐具分开洗，可以节省冲洗时的用水量。

5 烧水时间别过长

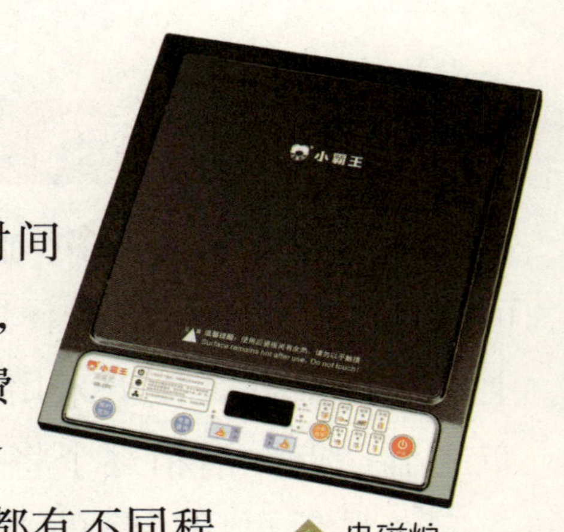

电磁炉

许多人都觉得烧开水的时间越长越好，其实这是不科学的，水蒸气大量蒸发后，费水又费气，而且反复煮沸的水中所含的钙、镁、氯、重金属等成分都有不同程度的增加，会对人的肾脏产生不良影响。

炒菜讲究先后顺序也可节水

6 做菜顺序巧安排

通常我们每炒完一道菜都要洗锅，这无形中要消耗掉不少水，其实你只要将做菜的顺序调整一下就可以省略掉这个步骤。比如说可以先做红烧肉，做完后在锅里直接加水，烧开后焯凉拌菜，这样焯出来的菜不仅味道好，锅也被洗干净了，炒下一道菜时就省事了。

7 废纸代替垃圾盘

如果你平时收到一些传单、小报等不要急着丢掉，可以收集起来留作他用。比如吃饭时可以将传单当垃圾盘，每个人拿一张垫在餐桌上，吃完饭后将其和垃圾一起扔进垃圾桶，这样做的话就不用清洗垃圾盘了，省事又省水。

新加坡的“水”故事

节水现在已经成了一个世界性的课题，很多国家都在研制节水的新技术，新加坡在节水技术发明方面，就已经走在了世界的前列。

亚洲“四小·龙”之一的新加坡

水资源的开发利用是各国关注的焦点

天津生态城效果图

早在2007年4月，新加坡的吴作栋资政与中国总理温家宝会晤时，双方达成了在中国借鉴新加坡的环保与水务经验打造环境友好、可持续发展的“生态城”的意向，这次会晤促成了目前广为人知的天津中新“生态城”的缘起。值得一提的是，新加坡环保与水务经验的核心是膜技术的开发与应用。

膜技术是国际公认的21世纪绿色节能的高新技术，当今世界，全球变暖、能源短缺、水源紧张、环境污染，其控制与解决的方案无不与膜技术密切相关。当新加坡探讨基于膜分离过程的海水淡化技术时，发现通过膜技术把废水资源化制成新生水的成本更低，

新加坡的水故事创造了一个现代奇迹

因此新加坡先于海水淡化启动了新生水的示范工程。

2003年的新加坡国庆日，吴作栋资政带领数万人共饮新生水的场景至今令人难忘。从此，新加坡的水品牌应运而生。新加坡的水故事创造了一个现代奇迹。当国际上的很多专家相信缺乏水源将是世界面临的主要挑战时，新加坡却依赖膜技术的开发与应用，不但成功解决了水问题，而且化危为机，从一个受马来西亚供水制约的岛国转化为国际瞩目的环球水务枢纽，向世界各地提供以膜技术为核心的水问题解决方案；并催生了一个以高新技术为依托、品牌运营为核心、金融资本为纽带的环保与水务产业，将其最大的劣势变成最大的优势。

不仅要惜水、爱水、节水，还要开发水

现在的中国同时面对水资源短缺与水污染严重两大问题。事实上，通过南水北调等水利工程仅仅

是实现了水的时空转换，并没有改变全国水资源短缺、人均水占有量不足全球1/4的现状；而新加坡的成功经验提供了一个新的解决方案，通过膜技术实现废水资源化，既处理了污水，又实现了水的循环再生，缓解了水源短缺的矛盾。进一步说，中国可以利用膜技术改变传统的末端治理废水的方式，从源头控制污染的产生与资源的消耗，使膜技术开发与应用的深度与广度升华到新的境界。

同学们，看到新加坡利用新技术解决了国家的饮水困难，我们得到了什么样的启示呢？如果想为节水事业作更多贡献的话，我们就一定要好好学习科学文化知识，多发明，多创造，成为节水事业的专业型人才，真正成为国家的节水卫士。

水是生命之源，也是快乐之源

歇后语引出的节水故事

省省水吧

同学们，大家听说过“聋子的耳朵——摆设”这句歇后语吗？然而，这句歇后语在黄河中游榆林水文水资源勘测局却有着另外一个版本，其版本是“勘测局家属楼的厕所——摆设”。这句虽不太对应的歇后语引起了我们的思考，因为像这种不对应的歇后语会产生，文字后面往往有一个真实的故事。通过了解，原来有这样一个故事：

科学用水，自觉节水

这几年，随着黄河水文事业的发展，基层水文职工的生活条件也得到了很大改善。位于陕北榆林城西北的榆林水文水资源勘测局也建起了几座家属楼，里面厨房、卫生间一应俱全，卫生间内还安装了抽水马桶。这本来给基层水文职工的生活带来了极大的方便，然而，家属楼上的许多住户似乎并不愿享受这个方便，他们放着家里的抽水马桶不用，却不嫌麻烦，跑到楼下去用院子里的旱厕。有的甚至仍然使用着从前在平房住的时候用的便盆，每天早起不辞辛劳地端着便盆上上下下。不了解情况的人，还以为是楼上停水或是家里的抽水马桶坏了，可实际上，这两种原因都不是。真正的原因，说出来令人难以置信，居然是楼上的住户们舍不得用水冲厕所！

一滴水，一种美德

可他们为什么舍不得用水冲厕所呢？因为，他们之中的绝大部分人都在水文站待过多年，都经历过用水难的窘迫与艰难。有的是挑几缸黄河水慢慢澄着用，有的是黄河水污染了不能直接用只好在河边挖个小坑用渗水，有的是用塑料管或者铁管把河对岸的山泉凌空引到水文站等。由于缺水，挨渴、长时间不洗澡、因饮用不洁的水经常闹肚子痛等等，都是常有的事。水文站里的寂寞他们不怕，水文站的危险他们不怕，但是水文站缺水却使他们怕了，那种怕是刻骨铭心的。

所以，当他们今天搬到了城里，住上了楼房，干净的水伸手可取的时候，那些并不遥远的用水难的往事总是浮现在他们眼前。用这么干净的水冲厕所，在他们看来，简直成了一种罪过。就是因为勘测局家属楼上的住户几乎都不用自来水冲家里的厕所，他们家里的厕所才被人说成是“摆设”，也才有了这么一句前后不对应的歇后语！

水是生命的源泉、工业的血液、城市的命脉

让人没有想到的这句歇后语背后的故事竟是这样的令人感动不已，看到这些人的做法，我们是不是应该反思一下自己平时的表现呢，我们要以他们为榜样，好好保护水资源，也因为节水而多造几个新的歇后语。

工业如何节水

城市是工业的主要集中地，在我国城市用水量中工业用水占60%~65%。其中80%由工业自备水源供给。由于工业用水量大、供水比较集中、节水潜力相对较大且易于采取节水措施，因此，在相当长的时期内工业用水是城市节约用水的重点。

工业基地

1.提高工业生产用水系统的利用效率。其内容主要包括改变生产用水方式（如改直流用水为循环用水），提高

水的循环利用率及回用率或统称提高水的重复利用率。提高水的重复利用率，通常可在生产工艺条件基本不变的情况下实现，因而是工业节水前期的主要节水途径。另一方面，因提高水的重复利用率涉及很多具体条件，特别是一些同生产有关的技术、经济条件，欲使其达到比较理想的程度也非一蹴而就之事，所以从总体上讲提高工业用水系统重复利用率又是一项长期任务。

2.通过实行清洁生产战略，改变生产工艺或采用节水以至不用水生产工艺，

工厂

工厂可提高水费迫使其节约用水

以及合理进行工业或生产布局，以减少工业生产对水的需求，提高水的利用效率，此即所谓的生产工艺节水。可以想象，工艺节水涉及工业生产的原料路线与政策，涉及生产工艺方法、流程与生产设备，涉及工业与产品结构、生产规模、生产组织以至工业生产布局等。总之，它几乎深入地涉及工业生产的各个方面；因此工艺节水是更为复杂、更加长远的任务，是工业节水的根本途径。

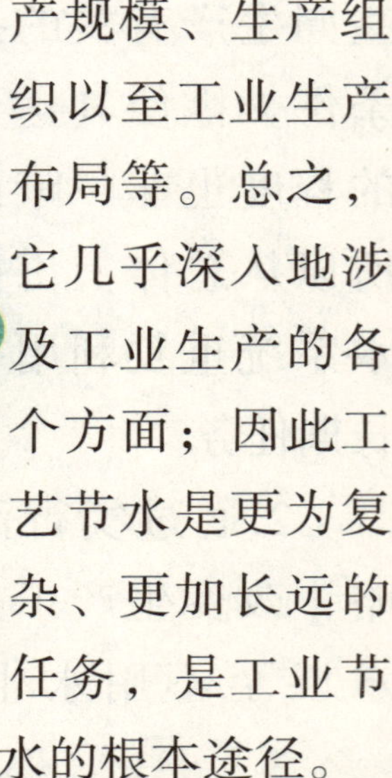

3.提高水费（包括水资源费、城镇供水水费、排污费等），促使企业在经济杠杆的作用下，积极采取有效的措施节约用水。

工厂可采用循环用水来节水

4.工业用水常用的一些节水方法

（1）采用能够节省用水的生产工艺及设备，在可能范围内将水循环使用。

（2）开展水平衡测试，计算每个生产单位所需的水量，然后设立查验措施，控制耗水量。

（3）设法缩短热水管，并将冷水管迁离蒸汽管及其他发热的地方。尽量降低水压。

（4）定期检查隐蔽水管，以防漏损，检查内部供水系统，修理有毛病的水箱、水龙头及其他的供水设施。

（5）尽量将水循环使用。推广蒸汽冷凝回用、间接冷却水循环利用、污水处理回用等节水技术；在公共建筑中，大力推广节水型卫生洁具和中水回用技术，提高用水重复利用率。

解放军的节水军规

看到身边的水龙头在缓慢滴水，路过的战士赶紧上前关紧，这是在某军队大院里发生的一幕，部队官兵从爱惜每一滴水抓起的节水教育，已经转化成战士们的自觉行为。

请伸出你的手，与我们一起节约用水

西南地区严重的旱情，激发了各部队官兵的爱心和热心，他们除了通过捐款捐物等实际行动支援灾区群众外，还在部队官兵中开展了“水危机教育”的宣传工作，让战士们懂得水资源的短缺和节约用水的重要性。以往连队浇菜地都是接上自来水管浇淋的，但是现在他们把炊事班洗米、洗菜用过的水储存起来浇菜，既节水又施了肥；官兵们洗衣服的水，也都用来打扫卫生；通过对营区所有水管和水龙头的全面检修，他们及时更换了老化、损坏的水管和龙头，尽量杜绝跑冒滴漏导致的水资源浪费。还在墙上张贴了《用水管理制度》，对防止长流水、不节约用水等现象都制定了明确的监督和处罚措施。

其实，早在2000年某部的战士们，就曾在短短两个月中，共节水800多立方米，为节水尽了一份人民子弟兵应尽的义务。

城里“水荒”的严峻现实，使人们意识到，为城市节约一滴水，也是官兵们支持地方建设、

节约用水，水绿家园

帮助市民渡过缺水难关的实实在在的行动。部队党委首先对官兵进行节水教育，增强官兵节水的使命感和紧迫感，充分调动官兵们战胜“水荒”的积极性；其次，部队党委下达命令坚决杜绝“跑、冒、滴、漏”现象的发生。

此外，部队党委决定暂缓改善机关办公条件，筹集部分资金把部队的所有供水阀门全部换成节水阀，对食堂、澡堂、厕所中的用水设施进行彻底改造，将耗水量比较大的门前喷泉改为草坪，并严格控制浇花、浇树、浇菜、洗车的用水量。部队还严格控制下属各单位的用水量，对机关干部家庭用水数量每月张榜评比，对“超标”的家庭，开“节水小灶”，重点帮助节水，对节约用水的单位实施奖励，对浪费水的单位进行批评教育。为了对各单位和每个家庭的节水状况进行有效监督，这个部队后勤部门还专门成立了“节水纠察”队，对所有供水线路24小时巡逻检查。在他们的努力下，节约了大量宝贵的水资源。

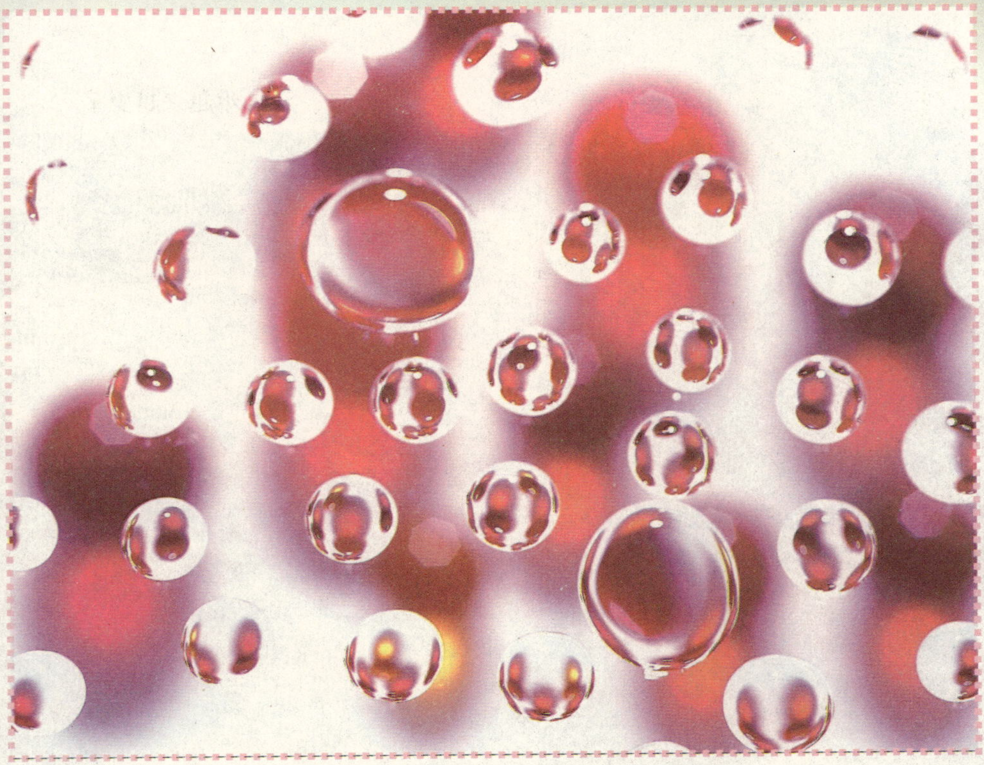

从节约一滴水开始做起

农民伯伯最爱水

自古以来，水就是农业的命脉，对农业生产有着重要的作用。这次给同学们介绍的是一位跟水打了多年交道的石家庄元氏县东同下村普通农民李三中，这些年来，他在卖水的过程中，酸甜苦辣的滋味尝了个遍。

水越来越少了

先看看李三中的卖水记账本，村里几乎每天都有人买水，少则一天两车水，多则一天就得三四车。说来也奇怪，一般在农村家家户户都有个小水井，那为什么还有这么多人非要买水不可呢？村民们说：“我们10年前打了一个井，有水，过了五六年就不行了，现在供不上吃饭，靠送水吃。”

家家有井，家家没水。难道元氏县东同下村地下水源原本就稀少吗？李三中说：“以前我们村一点也不缺水。”东同下村地处平原地区，

如果我们每一个人都浪费水的话，将来像东同下这样的村子肯定会越来越多

水就是农业的命脉，对农业生产有着重要的作用

滴水如油，贵在节约

离元氏县八一水库仅13千米，据水文部门的分析显示，这里的地下水源是非常充足的。那为什么现在就只剩下李三中家一口水井有水了呢？

李三中说：“在我们这里有个习惯，用水浇地都是大水漫灌，用水泵还是大水漫灌，结果水资源浪费，地下水位下降，井里的水就不够用了，就没有水了，我们全村吃水都遇到困难。”李三中还说，当时井里有水的时候，村民们浇地是不分白天黑夜，一个劲地浇，大水漫灌，一亩地至少要用300立方米水，家里有个五六亩地的，全浇下来得1500多立方米水，用水实在是惊人。本来浇一亩地30立方米水就够了，结果用300立方米水，这就相差10倍，而且用这种方法浇过的地也不好，还浪费水。

水已经很少了……

2009年3月10日，东同下村迎来了八一水库下放的返青水，村民们一边高兴地浇地，一边又在无节制地用水。村民说，一亩地得用200立方米水以上，有时得用300多立方米水。

一边是没水吃，一边是浪费水，这就是东同下村没水的主要原因。虽然现在李三中家的水井还有点水，但是李三中也在担忧，因为这些年，他家的水井的水位也在不断下降。李三中认为，再过几年水位还要下降，这个井没了水，乡亲们吃水就成问题了，现在还能吃几年，这个井很可能也要没水了。

取水的农民

“滴水如油，贵在节约”这个标语是今年村委会写的，其目的就是要告诉大家，水现在已经比油还贵了，如果再不节约，再不保护，真到了彻底没水那天后悔就来不及了。

请珍惜生命之源——水

东同下村的这个故事，告诉我们无论在生活中，还是在工作中，一定要注意节约用水，保护水源，如果我们每个人都浪费水的话，将来像东同下这样的村子肯定会越来越多。

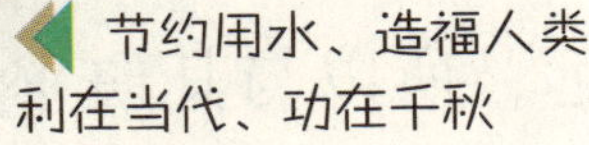
节约用水、造福人类，利在当代、功在千秋

“洗菜”省水学问大

洗菜肯定要用到水，这谁都明白，可并不是用的水越多就洗得越干净，这“洗菜”也是大有学问的。让我们看看把菜洗干净的同时是如何节水的。

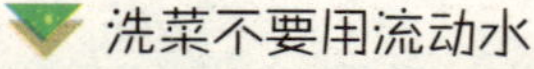

蔬菜

1 多搓洗，少冲洗

洗菜不要用流动水

有人喜欢用流动水洗菜，认为水的冲力可以洗净蔬菜上的泥沙，其实不然。水冲力与手的揉搓力相比差得很远，所以与其白白浪费水不如用盆

盛上适量的水，然后认真用手揉搓蔬菜。另外还要特别注意，洗完一遍后要把菜拿出来沥干，再换清水洗，以防泥沙又被带进盆里，洗不干净。

2 适当浸泡，洗菜更干净

洗菜时要重视水的溶解作用。把菜放在盆里用水冲，既浪费水，效果也不好。其实你可以

适当浸泡宜洗净

适当浸泡蔬菜，让水充分溶解蔬菜中的残留农药和其他水溶性的有害物质。在浸泡的过程中还可以放上下列添加剂：加盐。盐水洗菜可以杀菌，还可以杀虫。有些菜叶上的小虫用清水洗不净，可放在淡盐水中浸泡3分钟，菜叶上的小虫即可浮出水面，轻松被除掉。洗包心类蔬

水果

菜时，可先将其切开，放入淡盐水中浸泡2小时，再用清水冲洗，以清除残留农药。

加碱。在温水中加少量碱，这样的稀碱液可以起到解味、去皮的作用。一般蔬菜只要浸泡五六分钟，再用清水漂洗干净就行了。洗干莲子时就可以用这种碱水浸泡法，用这种方法洗好的莲子做出来的粥更香。

小苏打。小苏打稀释液也同样可以起到杀菌的作用，但要适当延长浸泡时间，大约要15分钟。

蔬菜

3 先摘后洗十分重要

洗菜前，先择菜抖去菜上的浮土，去掉不新鲜的、被虫咬过的地方，然后再洗。这样既可以减少清洗的次数，起到节水作用，也能让你吃得更放心。

苏联及印度节水措施

苏联节约用水的措施

苏联各加盟共和国单位土地面积上的水量和人均水源量的分配极不均衡，数字差距多达数十倍。苏联有11万亿立方米的大气降水，其中约有40%被转化为河川径流。但地区分布极不均衡，在占耕地面积90%和占工业产值80%的一些发达地区只有全苏联水资源的24%，而其中一些对水资源有特大需求的南部地区却只拥有约16%的可用水资源。除了以上这些不足外，前苏联河川的重要特征是时间上的分配也不平衡。为了解决这些不足，只有通过大型引水调水渠道实现从其他流域调水和修建许多季节性调节水库来解决严重的缺水问题。

为了水资源的合理利用，苏联还制定了一系列节水措施：①对城市污水作三级处理而后加以利用；②将地表径流处理后使用；③研究利用工矿企业的排水；④抽用矿坑水和工矿区地层水；⑤沿海地区开发利用海水；⑥有些设备采用空气冷却，不使用水冷；⑦加大发电单机容量；⑧加强水管理和处理工作；⑨采取累进水费制等。

工业废水

水可重复利用

印度节水与合理用水措施

在印度的许多地区，地表水比地下水丰沛，但很多渠道中地表水的供应常常是不稳定的，有时甚至严重不足，所以地下水补充地表水显得越来越必要。地下水补充渠道水增加了渠水的供应量，在渠道水供应低峰期或在进行年度维修渠道关闭期间，地下水可直接用于灌溉。在许多地区，潜在的地下水可以有效地与地表水结合进行集约灌溉。

由于降水时间过于集中，为控制雨水流失，印度采取利用农田集水区的水塘拦蓄地面径流，使干旱地保存雨水，以便在旱季时进行补充性灌溉。这种做法可节省灌溉

印度

用水，并可对旱季时灌溉用水不足给予补充，以保证作物的正常生长和稳产、高产。

在灌溉技术方面，印度为提高水资源利用率，防止土壤盐渍化，要求根据地区水位深度确定灌溉方式。由于水资源季节性供应不平衡，研究部门提出在雨季到来之前，在各河流附近抽取大量地下水进行灌溉的方案，以达到降低地下水位，使雨季洪水能更多渗入地下之目的。这就要求在旱季到来之前，采用定量供水，循环灌溉等方式，力求节约水资源。

印度首都

农业灌溉也要循环用水

政府节水方案

北京2005年的节水目标是4000万立方米，市水务局局长焦志忠公布了七大节水方案：一是新建、扩建的项目必须同时安装中水利用设施，全面推行计量管理；二是行业要制定用水限额，年用水量百万吨以上的大户要签订供水协议；三是社会单位的用水指标要再压缩10%；四是完成35项工业节水技术改造，亦庄要建成节水示范区；五是普及居民家庭节水器具，年内50%的家庭要改用节水器具；六是年内新装100千米中水管线，扩大中水用户范围；七是继续评选节水模范，每个市民都可以争取当节水模范。

企业单位节水方案

我们为企业设计了一套节水方案，实施这套方案（或采取此方案的其中措施）后，我们保证您收到很好的节水效果，为您节约能源、减少经费支出、减少劳动力，从而提高工作效率，能收到事半功倍的效果。

第一步：进行水量平衡测试，这是摸清企业（单位）用水情况的最科学的方法。经过水量平衡测试后，单位的上、下水管网，用水器具数量、使用情况，日、月、年用水量，各用水点（如锅炉、洗浴、冲车、游泳等）的用水概况都能通过测试查清楚，并通过用水数据分析，找出用水不合理的原因，从而可采取相应的措施。

第二步：向科学管理要水。制定科学的用水制度，采

小便池（斗）采用红外线节水控制器

取指标分解，责任到人，节奖超罚等措施，充分调动人的积极性。这是节水工作的基础。

第三步：向科学技术要水，采用节水器具，使浪费水的现象成为不可能。具体方法介绍如下：

1.采用陶瓷芯片、变距、自闭等不漏、具备高科技含量的水龙头，这类水嘴不但不漏，使用寿命长，而且变距、自闭式等还具有开闭时间短、防止丢水、无水压自闭等特点，而且都有三年以上的保质保修期。

2.小便池（斗）采用红外线节水控制器，做到人来水流、人走水停，不但能达到冲洗干净、无异味的效果，而且可节水70%以上。

草坪

3.大便蹲坑采用脚踏阀门，不但卫生，而且使用方便。高箱可采用“五方”牌高箱配件，大、小便采用不同的冲水量，节水可达50%。

4.浇草坪采用“微喷系统”。微喷比漫灌节水80%，比普通大喷节水50%，而且造价低，使用寿命长。

5.浴室淋浴采用“隔膜式脚踏淋浴器”，这种淋浴器从根本上杜绝了滴水、漏水现象，使用效果非常好。

6.游泳池采用循环水处理设备，基本上不用补水。

7.建设“中水处理工程”。将洗浴污水、洗衣水、洗

菜水、冲便水等脏水收集，通过中水处理站进行过滤、沉淀、生化、消毒等一系列步骤，使之变成可二次利用的水源。这些处理后的水可以用水浇绿地、冲汽车、喷操场、冲厕所等。一般的单位建中水处理站花钱不多，收效却很大，尤其是在水费日益上涨的今天，确实很合算。

游泳池

花草灌溉可以用循环水

水对人体的作用

水是生命的源泉，人对水的需要仅次于氧气。人如果不摄入某一种维生素或矿物质，也许还能继续活几周或带病活上若干年。但人体如果没有水，却只能活几天。人体细胞的重要成分是水，水占成人体重的60%~70%，占儿童体重的80%以上。那水都有些什么作用呢？

水是我们每天的必需品

1.人体的各种代谢和生理活动都离不开水。水可以溶解各种营养物质，脂肪和蛋白质等要成为悬浮于水中的胶体状态才能被吸收；水在血管、细胞之间川流不息，把氧气和营养物质运送到组织细胞，再把代谢废物排出体外。

各式各样的饮品

2.水在体温调节上也有一定的作用。当人呼吸和出汗时都会排出一些水分。比如在炎热的季节，环境温度往往高于体温，人就靠出汗，使水分蒸发带走一部分热量来降低体温，使人不至于中暑。而在天冷时，由于水贮备热量的潜力很大，人体不致因外界温度低而使体温发生明显的波动。

水与我们息息相关

3.水还是人体内的润滑

剂。它能滋润皮肤。皮肤缺水时，就会变得干燥失去弹性，显得面容苍老。体内一些关节囊液、浆膜液可使器官之间免于摩擦受损，且能转动灵活。眼泪、唾液也都是相应器官的润滑剂。

多喝水对身体益处无穷

4.水是世界上最廉价、最有治疗力量的奇药。矿泉水和电解质水的保健和防病作用众所周知的。这主要是因为水中含有对人体有益的成分。当感冒、发热时，多喝开水能帮助发汗、退热、冲淡血液里细菌所产生的毒素；同时，小便增多，有利于加速毒素的排出。

5.大面积烧伤以及发生剧烈呕吐和腹泻等症状，体内大量流失水分时，都需要及时补充水分，以防止严重脱水，加重病情。

6.睡前及早起时饮用一杯水有

我们应该重视对饮用水资源的保护

助于美容。上床之前，你无论如何都要喝一杯水，这杯水的美容功效非常大。当你睡着后，那杯水就能渗透到每个细胞里。细胞吸收水分后，皮肤就更娇柔细嫩；早晨起床后，喝一杯水有利于清除肠道垃圾，保持身体健康。

7.沐浴前喝一杯水可常保肌肤青春活力。沐浴时的汗量为平常的两倍，体内的新陈代谢加速，喝了水，可使全身每一个细胞都能吸收到水分，使肌肤光润细柔。

8. 需要指出的是，对老人和儿童来说，自来水煮沸后饮用是最健康的，目前市场上出售的净水器，净化后会降低水内的矿物质，长期饮用效果并不如天然水源。

怎么样，水的作用很大吧？同学们，对人体有着很大功用的水资源是应该好好保护节约的，让我们都行动起来，为保护水资源而努力吧。

会衰老的水

在这篇文章里，我们给大家再介绍一些有关水的知识。

通常我们只知道动物和植物有衰老的过程，但是你们知道吗，其实水也会衰老，而且衰老的水对人体健康有害。

老化水是不宜饮用的

桶装水不宜长期存放

据科研资料表明，水分子是主链状结构，水如果不经常受到撞击，也就是说水不经常处于运动状态，而是静止状态时，这种链状结构就会不断扩大、延伸，就会变成我们大家平时俗称的“死水”，也就是衰老了的老化水。现在许多桶装或瓶装的纯净水，从出厂到饮用，中间常常要存放相当长一段时间。桶装或瓶装的饮用水，被静止状态存放超过3天，就会变成衰老了的老化水，就不宜饮用了。

未成年人如果经常饮用存放时间超过3天的桶装或瓶装水，就会使细胞的新陈代谢明显减慢，从而影响正常的生长发育，而中老年人常饮用这类变成老化水的桶装或瓶装水，就会加速衰老。

水的老化常常被忽略

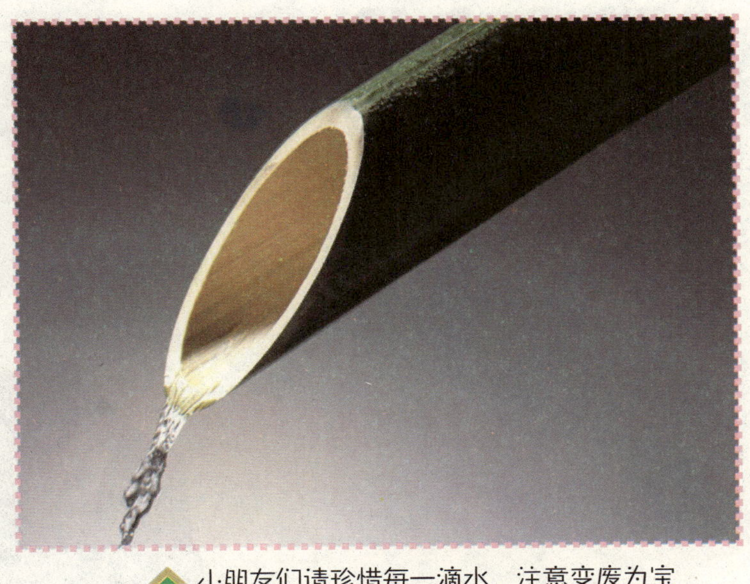

小朋友们请珍惜每一滴水，注意变废为宝

而且，专家研究还指出，近年来，许多地区的食道癌及胃癌发病率增多，很可能与所饮用的水有关。研究表明，刚被提取的，处于经常运动、撞击状态的深井水，每升仅含亚硝酸盐0.017毫克。但在室温下储存3天，就会上升到0.914毫克。原来不含亚硝酸盐的水，在室温下存放一天后，每升水也会产生亚硝酸盐0.0004毫克，3天后可上升到0.11毫克，20天后则高达0.73毫克，而亚硝酸盐可转变为致癌物亚硝胺。有关专家指出：对桶装水想用则用，不用则长期存放，这种不健康的饮水习惯，对健康毫无益处。

知道了这些以后，建议大家对于市面上销售的矿泉水之类的饮料还是少饮用为佳。上学的时候，我们可以带一些家里的凉开水，这样既卫生又新鲜，对身体健康有很大的帮助。虽然过期的水对人体没有益处，不过收集起来拖地板或是刷马桶也是很不错的。同学们，在保证身体健康的同时，我们应该变废为宝，记得为节水多作贡献啊。

健康水的七大标准

我们每天的生活都离不开水，水对我们来说非常重要。但是，你们知道健康水的七大标准吗？下面我们就告诉大家健康水的七大标准：

好水是百药之王，坏水是万病之源

水能有效地吸收紫外线，因而又为原始生命提供了天然的“屏障”

一、不含任何对人体有毒、有害及有异味的物质（尤其是重金属和有机物）。目前在水中已检测出2221种有机物，其中315种为三致物质（致癌、致突变、致畸变）。有机物对人体的危害往往是滞后的，一般发现得病，在人体上反应要达20~30年。

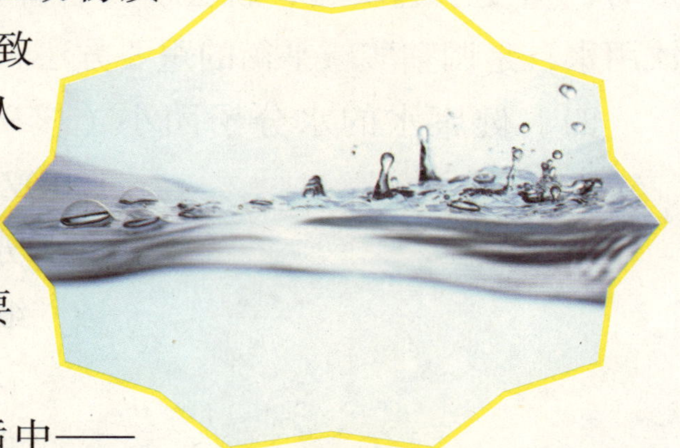

要想身体健康就要饮用干净卫生的水

二、水的硬度适中——50~200毫克/升（以碳酸钙计），含人体所需的矿物质和微量元素的含量及比例适当。健康水含有均衡的天然矿物质，以离子状态存在，与人体内的体液非常接近，比食物中的矿物质和微量元素更易被人体吸收。

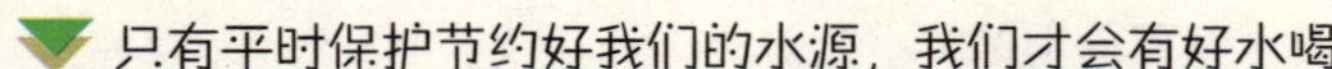

只有平时保护节约好我们的水源，我们才会有好水喝

三、健康水的pH值呈弱碱性（7.0~8.0）。人体是一个相对稳定的呈弱碱性的内环境。当酸性物质在体内越来越多时，量变引起质变，就会引发各种疾病。多补充弱碱性饮用水，是调整酸碱平衡的重要方法。

四、健康水的水分子团小（核磁共振半幅宽度低于100HZ）。水分子团越小，水分子更容易进入人体细胞，具有更佳的渗透性，强化人体的代谢功能，并把各种离子带进细胞内，因此对健康越好。

健康水也是有标准的

五、健康水的硬度为50~200毫克/升（以碳酸钙含量计）。我国在《生活用水卫生标准》中规定，水的总

好的水源对人类真的很重要

硬度不得超过25度，最适宜的饮用水的硬度为8～18度，属于轻度或中度硬水。人类的某些血管病的死亡率，与水的硬度成反比关系。

六、健康水中溶解氧及二氧化碳含量适度（溶解氧=6毫克/升）。健康水含有适度溶解氧能增强人体消化系统、血液循环系统、免疫系统等的功能，促进人体健康。

七、健康水的营养生理功能（溶解力、渗透力、扩散力、乳化力、洗净力）要强。水营养生理功能越强，越容易通过细胞使细胞内外水的交换增加，有利于吸收营养和排出废物。促进新陈代谢，提高机体免疫力，清除自由基（自由基是人体衰老的元凶）。

俗话说：好水是百药之王，坏水是万病之源。只有我们平时饮用干净卫生的水，身体才会健康，所以，我们一定要保护好我们的水源，这样，我们才会有好水喝。

洗衣机怎样才省水

洗衣机是每个家庭必备的家用电器，用洗衣机洗衣服既省时又省力，大大提高了洗衣服的效率。但是用洗衣机洗衣服每次要用掉大量的水，据有关资料显示，每次机洗用水量要比用手洗多3/5。那么，如何使用洗衣机才能既方便又不浪费水呢？

洗衣机

每次放水不宜过多

每次放水以刚刚漫过衣服，且洗衣机能自如运行为宜。假如水量过大，衣服会漂浮起来，就会减少衣服之间的摩擦，洗不干净衣服。而且水量过大也会加大洗衣机的载重量，容易影响洗衣机的正常运转。此外，每次用的漂

洗水量最好相等，漂洗完后，尽可能将衣物拧干，减少污水，然后再放清水。这样既可以减少放水量，还能很快洗完衣服，是既省时又省水的好办法。

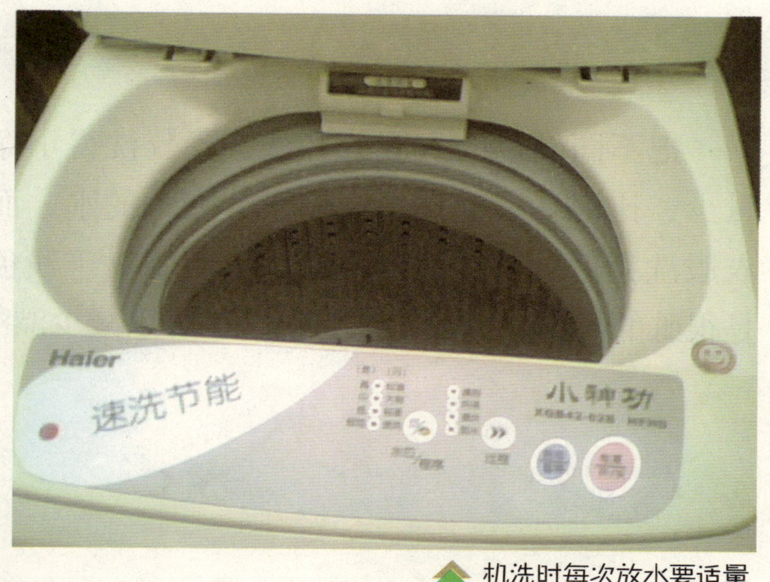

机洗时每次放水要适量

提前浸泡减少机洗水耗

洗衣机洗涤时间的长短可通过衣物的种类和脏污的程度来决定。如果在用洗衣机洗衣服前，先对衣物进行浸泡，就可以减少洗衣时间和漂洗次数，减少漂洗耗水。

采用合适的方式洗涤

洗衣服时不间断地往洗衣机里边注水边冲淋、排水的洗衣方式是不可取的，这犹如是在用流水洗衣服，每次用水量约为165升。如果采用洗涤→脱水→注水→脱水→注水→脱水的方式洗涤，每次用水约110升，那么每次就可节水55升，按每月洗4次衣服来算，一个月就能节水220升。

分色洗涤，先浅后深

把不同颜色的衣服分开洗，不仅洗得干净，而且用水量少，比混在一起洗可少用三分之一的水，而且颜色浅的衣服洗完后可直接洗颜色深的衣服。对于浅色的衣服和不是很脏的衣物，少放些洗衣粉，也可以减少漂洗次数。

尽量减少漂洗次数

当然是在洗净衣服的前提下，但是也不能固执地认为，只有漂洗后的水像没洗过衣服一样，才算洗干净衣服了。这当然是不可能的，即使衣服洗干净之后，漂洗过衣服的水也会因衣服颜色或者洗衣机内残留的脏水而稍微变色。在洗衣机转动过程中，漂洗后的水也会产生一些泡沫，这都不影响衣服的干净程度。每次漂洗完时尽量把衣服拧干，避免将过多的脏水带到新的漂洗中，从而减少漂洗次数。

半自动洗衣机更省水

半自动洗衣机只有洗涤和甩干的功能，而中间漂洗的过程由手工来完成，虽然费了些力气，但是省水效果极为惊人：按照全自动洗衣机采用洗涤一次、漂洗两次的标准，洗一次衣服至少要用110升水；而半自动洗衣机每次注

水量大约为9升，一缸水能洗几批衣物，即使再重新注水三次，漂洗三次，也无非就用40升水。

半自动洗衣机

衣服最好集中洗涤

当要洗的衣物较多时，最好采用集中洗涤的办法，即一桶水连续洗几批衣物，洗衣粉可适当增添，全部洗完后再逐一漂清。这样既能省水，也能节省洗衣粉和洗衣时间。

分色洗涤可节水

洗衣水可重复利用

如果将漂洗的水留下来做下一批衣服洗涤水用，一次可以省下30~40升清水。还可以把这些水攒起来用来冲马桶、洗拖把，既干净又省水。

假如，地球上没有了水

水，是人类生命的源泉，是我们赖以生存的重要物质。平时我们看到水龙头里的水哗哗地流掉却不去管它，看到别人随意浪费水却不去制止，我们心里总会想："地球上的水那么多，浪费一点又有什么关系？"但再多的水也有用完的时候，假如有一天，地球上没有了水，世界将会变成什么样子呢？

珍惜地球上的每一滴水

美丽的河流不仅给我们提供水源，也给我们的生活带来了乐趣

因污染而死的鱼

假如地球上没有了水，我们再也不能欣赏到壮阔的长江、黄河和美丽的西湖，鱼儿垂死的挣扎将令人爱莫能助，连浩瀚无际的海洋也会离我们而去。

假如地球上没有了水，一棵棵参天古木将会变得枯萎，一片片青青的小草会变得枯黄，一朵朵美丽的鲜花也会凋谢。昔日林海莽莽的大山，只会剩下嶙峋的乱石，小鸟嘶哑的求救声将令人黯然泪下。

假如地球上没有了水，田里的蔬菜粮食将不再青翠欲滴，饱满的果实将不会再高挂枝头。干裂的土地里黄牛绝望的眼神将使

人心如刀绞。

假如地球上没有水，人饿了，没有水可以煮饭；累了，没有水可以冲去一身的疲惫；渴了，没有水来滋润烟熏火燎的喉咙。即使有再多的钱也买不到水了，所有的生命都会面临死亡的威胁。

是啊,假如有一天，地球上没有水了，那世界将会一片黑暗。所有的生物都会不复存在。地球上将会满目疮痍，枯骨累累。

而失去水也有一个好处，这样能让那些不懂得珍惜水的人知道，水是宝贵的，我们应该节约用水，不能浪费每一滴珍贵的水资源。如果想让地球每一天都能有清甜的水的话，那就该从自己做起，节约每一滴水。为了不让地球受到伤害，让我们的地球妈妈永远美丽，我们这些节水小卫士快点行动起来吧！

节水标语大家想

环保小卫士们，提到宣传环保，就肯定离不开环保标语的宣传。我们大家来一起想一想，看看大家能想出多少环保标语，比比谁想得最多。如果大家有更好的，也可以写在后面，等有空的时候可以聚在一起，比一比看谁想得更多。

不要让我们的水龙头再哭泣了

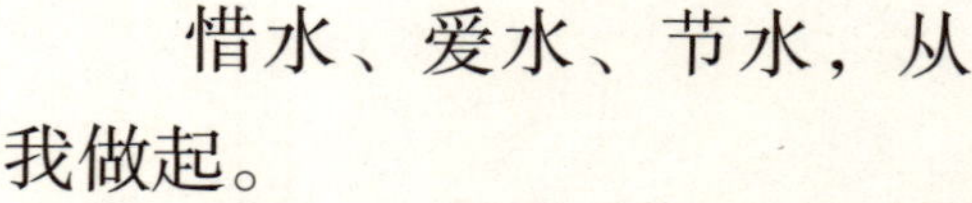

惜水、爱水、节水，从我做起。

失去了澎湃的浪潮，世界该是多么孤独

节约用水、造福人类，利在当代、功在千秋。

水是生命的源泉、工业的血液、城市的命脉。

珍惜水就是珍惜我们的生命。

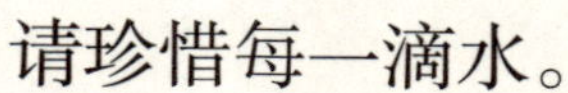

请珍惜每一滴水。

世界缺水、中国缺水、城市缺水，请节约用水 。

浪费用水可耻，节约用水光荣。

水是不可替代的宝贵资源。

今天不节水，明天无泪流 。

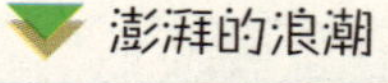

澎湃的浪潮

人体约有70%是水分，节约用水，尊重生命 。

节约用水，请从身边小事做起。

每天节约一滴水，难时拥有太平洋。

流水是大自然不息的血液，破坏水源等于污染自己的鲜血!

省一滴水，还一份真情!

淡水用完——南北极取，冰山用完——过滤海水，海水用完——？ !!!

水乃生命之源，请珍惜每一滴水。

节水宣传画

节约每一滴水，净化每一颗心

人人护水，水能宜民!

节约每一滴水，净化每一颗心。

浪费水就等于浪费生命。

依法管水，科学用水，自觉节水。

让我们去节约每一滴水，不要让我们的水龙头再不停地哭泣了。

水是有限的，如果人们每天都在浪费水，那么地球总有一天会没有一滴水的。水是宝贵的，地球上如果没有水，动植物和我们人类都将会渴死。水是应当被

请保住这份美景

我们珍惜的。在我心目中，水像珍珠一样珍贵，美丽、晶莹剔透。我们怎么忍心看着水一滴一滴地被浪费呢？

我们的世界离开了水，大地将变成荒漠，没有花、草、树，人也将死去。如果你节约用水，人将会在地球上生活得很美好，少了一种灭绝的可能，请节约用水吧！

看！那里有一个水龙头在伤心地哭泣，让它高兴起来吧，让它微笑吧！只要记得每次关紧水龙头，你一定能做到的！

水就是生命，请节约用水。

怎么样，同学们，除了这些节水宣传口号外，你们是不是还知道很多呢？那就把它们写下来，大家一起交流一下吧。

开源节流一起抓

提到我国的水资源问题，确实是个大问题。中国是个贫水国。人均水量仅为世界人均水量的1/4，世界排名第121位，被联合国列为世界上最贫水的13个国家之一。老天爷的厚此薄彼在造成我国整体上水资源匮乏的同时，更使中国北方严重缺水，这种状况已经制约了国民经济的发展，并且造成了生态的严重恶化。

不仅要节流，也要开源

于是，民间水利专家郭开提出了南水北调“大西线引水方案”，这给我们带来了新的启发和希望。方案大致是这样的：引雅鲁藏布江水，穿怒江、澜沧江、金沙江、雅砻江、大渡河，过阿坝分水岭入黄河，简称雅黄工程。计划年引水2000亿立方米，相当于4条黄河水量。经青海湖调蓄，自流入新疆、甘肃、宁夏、内蒙古；经岱海调蓄，自流入东北及晋、冀、京、津等；通过给黄河补液，满足陕、豫、鲁等地的需求。

这个计划如果都能实现，不仅可以从根本上缓解我国北方的缺水问题，还会在改造沙漠、扩大耕地、增加电力、创造就业岗位等诸多方面带来好处。

开源西藏大河之水

但是，对于郭开的“大西线调水方案”，在专家队伍里却存在不同意见，职能部门也没有引起重视。支持者的评价很高，反对者也为数不少。

反对意见的主要观点是：“西藏没那么多水可引”，“自流入黄河不可能”，“施工难度大”，“天方夜谭”，“没讨论的必要”等等，方案是否有价值来自于对于实际情况的考察和论证。于是，在中央领

我国的水资源问题确实是个大问题

导的过问下，一支由爆破、隧道、水利、地质、气象、建筑等方面的11名专家，加上中央电视台记者，组成了“大西线南水北调考察队”，在实地进行了为期1个多月的考察。结果表明，郭开的“大西线引水方案”是可行的，引水量也是可靠的。通过实地考察，大家的意见形成了共识，就连开始时持怀疑态度的专家，也都表示了赞成和支持。

热心的水利人士为这项工作作了很多贡献

值得一提的是，郭开的治水方案诞生至今，虽然仍处于民间论证阶段，但却得到了许多热心者的支持。其中，包括一批全国人大代表、全国政协委员和专家学者，也有不少在西藏、四川、青海工作和战斗过的地方干部和军队领导。他们不仅关心支持“大西线调水”，而且希望早日看到结果。还有不少像郭开这样热心的水利人士，他们没有任何报酬，没人为他们评功摆好，凭着一颗爱国之心，或东奔西走，呼吁社会；或实地考察，精心论证；或慷慨解囊，捐资尽力。吃辛吃苦还要吃气，这就是“大西线”奠基者的可贵精神和高尚风格。

冰川可以成为人类取水之源

看到这么多人都在为解决中国的缺水问题而努力，我们是不是也应该向他们多学习，在平时多注意对水资源的保护，争取为节水工作作更大的贡献呢？

节水金点子排行榜

联合国第四十七次大会通过了193号决议，决定从1993年开始，确定每年的3月22日为“世界水日”。另外每年5月15日所在的那一周定为“全国城市节水宣传周”。

5月15日，在西门街道新高社区，就举行了收集“节水金点子”的活动，接下来，就看看这节水金点子的排行榜吧。

空调节水

节水效率：★★★★★

1.在使用空调降温的过程中会产生滴水，一晚上使用空调，滴下的水能接一桶，有好几公斤。这些水往往可以循环利用。

2.将卫生间里的水箱里放个可乐瓶，减少入水量。

3.家中可以备一个收集脏水的水桶，可以用来冲厕所。

节水效率：★★★

1.巧洗衣服，如果用洗衣盆洗清

水箱里放个瓶子，能节水

水箱里放个可乐瓶，减少入水量

洗衣机

衣服则每次比开着水龙头节省水200千克。

2.用洗衣机洗少量的衣服时，水位不要太高，衣服在水来漂来漂去，反而洗不干净，还浪费水。

洗衣机

3.最后一次脱水出来的水，不要倒掉，还可以再循环利用，如果将漂洗的水留下来作为下一批衣服的洗涤用水，一次可以省下30~40升清水。

节水效率：★★

1.巧用淘米水，可以用淘米水洗菜，再用清水清洗，不仅节约了水，还有效地清除了蔬菜上的残存农药；

2.用它来洗油腻的餐盘，可以去油腻；

3.还可以用来浇花，既节水，又能给花提供原料。

4.另外，选用淋浴时不要让水自始至终地开着，应该选择低流量莲蓬头，在擦香皂的时候，尽量勤快地把水龙头给关了。

联合国环境署已发出警告：人类在石油危机之后，下一个危机就是水。也曾有人说过：“如果人类继续破坏和浪费水资源，那么人类看到的最后一滴水将是自己的眼泪。”

家庭节水方案

我们为家庭设计了一套节水方案，实施这套方案（或采取此方案的其中措施）后，我们保证您收到很好的节水效果，为您节约能源、减少经费支出，同时减少不必要的麻烦（如漏水吵人、水淹家具等）。

马桶节水

对于家庭来说，一般不存在随便浪费水的问题，毕竟是要掏自己的腰包。主要存在的问题一是节水意识不强，二是用水器具落后，三是不知用什么节水器，到哪里去买。下面介绍一些家庭用节水器具的事项。

一、马桶节水。据统计，马桶用水占家庭用水量的50%以上，主要原因是结构不合理，用水浪费。马桶按容量分有15升、9升、6升三种，15升的国家已经明令淘汰，现在大力推广6升马桶，但由于6升马桶是一种系统工程（涉及坐桶结构、材料光滑度、倾角等），新建楼房可以用，而旧楼的马桶改造却不行，因为用水量少，很难冲干净，反而为用户带来麻烦。按结构分可分为直落式、翻板式、虹吸式、液压式、压差式等。直落式的已被国家明令淘汰，现在多数用户使用的是翻板式。新式的马桶有虹吸与压差相结合的，还有大、小便分档的，大便用大水档，小便用小水档，从而达到节水的目的。那么马桶节水该怎么做呢？

1.全套换新的。建议选用两档虹吸加压差式节水便器，这种洁具不但节水，而且使用起来很方便，大便用大档，小便用小档，老人、小孩都能用。

2.水箱、坐桶都不换，只换水箱配件。这也不失为一种好办法，利五方牌的48元，中华鼎牌的88元，同样是专利产品，大、小便分档，节水50%，三年质保，也值得一换。

3.什么都不换，只是采取一点小措施

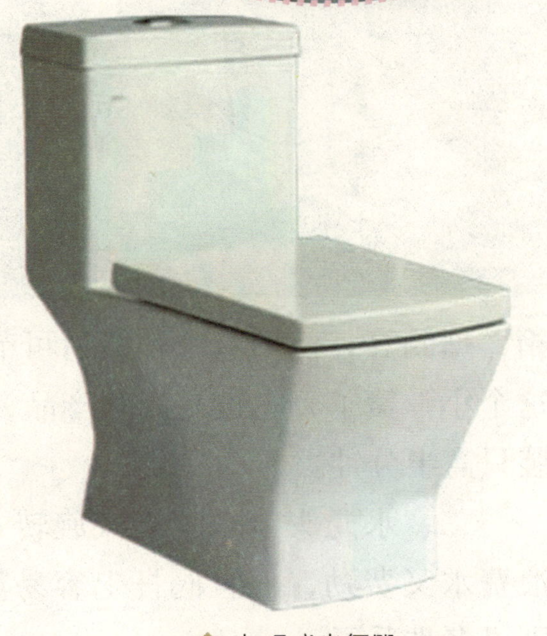

虹吸式坐便器

水龙头

感应水龙头节

就可收到事半功倍的效果。翻板上加一个镀塑的小弹簧，这不但可以使翻板更加密闭，而且用水量随自己控制，想用半箱就半箱，想用一箱就一箱，据测算，使用节水弹簧后可节水20%~40%。可别小看这个小弹簧了，它也是专利产品，3元钱就解决问题了，安装只需半分钟。

二、水龙头节水。老式旋转式龙头肯定不能用了，既浪费水又费劲，而且阀杆上容易渗水，弄得脏兮兮的，就别提多难受了。

采用陶瓷芯片、变距、自闭等不漏、具备高科技含量的水龙头，这类水嘴不但不漏，使用寿命长，而且变距、自闭式等还具有开闭时间短、防止丢水、无水压自闭等特点，而且都有三年以上的保质保修期。停水后忘了关水龙头怎么办，家具冲了，电器泡了，邻居也找来了，烦啊。安装了安全自闭式水嘴你就不用担心了，这在停用时就自动处在关闭状态了，水来了也不会有一滴流出。用了它你绝对不用担心会有水漫金山的时候，而且它是360度开启，什么角度转都可以，非常方便卫生。还有变距水龙头，用了这种水龙头，以前所说的滴流、线流都不可能了，但对那些通过这种手段偷水的朋友来说就对不起了，而且它关闭的速度快，只有0.16秒（其他的需要1~3秒），可别小看了这点时间，日久天长节约下来的水可是可观啊。

节水

大扫除别忘节水及其他节水小方法

同学们，为了保持室内卫生，经常大扫除是必要的，爱干净的人可能三天一小扫，五天一大扫，稍微降低一点标准的人也会一个月扫上三四次。清扫房间不外乎擦洗地板、门窗玻璃、桌椅，更讲究卫生的人还会顺便洗洗床单、被罩和窗帘什么的。这个过程大多离不开用水。

保持室内卫生需要经常大扫除

擦地省水有方法

尽量放弃使用传统的“墩布”，现在市场上出售的节水型拖把省力又方便，或用旧毛巾做成套子套在平板拖把头上，擦脏了时再取下来清洗干净，可以节省大量的水。

残茶水擦洗门窗家具

残茶水的去污能力很强

喝完茶后的残茶水不要急于倒掉，可以集中起来在大扫除时用它来擦洗门窗和家具。残茶水的去污力强，擦洗后的门窗、家具更加光亮，焕然一新。

清洁时选好行走路线

有的人打扫房间没有条理，看到哪擦到哪，既不容易打扫干净，也浪费时间。具体方针是：由上至下，由里而外，将清洁用具放在桶里或盆里，让它随时跟着你，以一定的方向打扫房间。这样就能保持已打扫过的房间干净整洁，而且用一桶水可以擦完整个房间，不用中途换水，既省劲，又省水。

节约用水，利在当代，功在千秋，下面是经过讨论同学们一起研究出一些生活节水小方法：

一、冲厕所：如果使用节水型设备，每次可节水4~5千克；

二、家庭洗涤手巾、小对象、瓜果等少量用水。宜用盆子盛水而不宜开水龙头放水冲洗；

三、洗地板：用拖把擦洗，可比用水龙头冲洗每次每户可节水200千克以上；

洗车宜用抹布洗

四、水龙头使用时间长有漏水现象，可用装青霉素的小药瓶的橡胶盖剪一个与原来一样的垫圈放进去，可以保证滴水不漏；

五、洗菜：一盆一盆地洗，不要开着水龙头冲，一餐饭可节省50千克；

六、用洗衣机洗衣服：建议您满桶再洗，若分开两次洗，则多耗水120千克；

七、洗车：用抹布擦洗比用水龙头冲洗，至少每次可节水400千克；

让节水走入校园

为了号召大家节约用水，南宁市壮志路小学专门开展了“我为节水献一计”的标语及金点子比赛活动。同学们都发挥自己丰富的想象，提出了许多有关节水的奇思妙想。例如同学们想出的节水标语“珍惜水源，滴水不

珍惜水源，滴水不漏

漏！”“坚持节水我能行！”等等，都表达了他们节水的坚定决心；“把老式水龙头换成节水龙头。”“用洗米水来洗菜，用洗菜水来冲厕所。”等同学们发明的金点子操作性很强，并且，在比赛活动的宣传影响下，在

美国小学生画的节水图

学生们在学习节水知识

校园里，同学们都变得更加节约用水了。

据悉，壮志路小学的本次比赛主要在4~6年级进行，先由小学各班进行初评，每班每项评出2~6条后再交到学校政教处，参加校级的评比。本次比赛最后共评出了一等奖5名，二等奖7名，三等奖8名。获奖的同学们受到了更大的鼓励，而未得奖的同学也表示要向节水标兵们学习，争取下次也能成为节水小卫士。通过在校园里开展节水标语及金点子比赛活动，进一步增强了同学们的节水意识，大家表示要从我做起，从现在做起，珍惜水资源，为节约水资源多作贡献！

小朋友们制作的节水板报

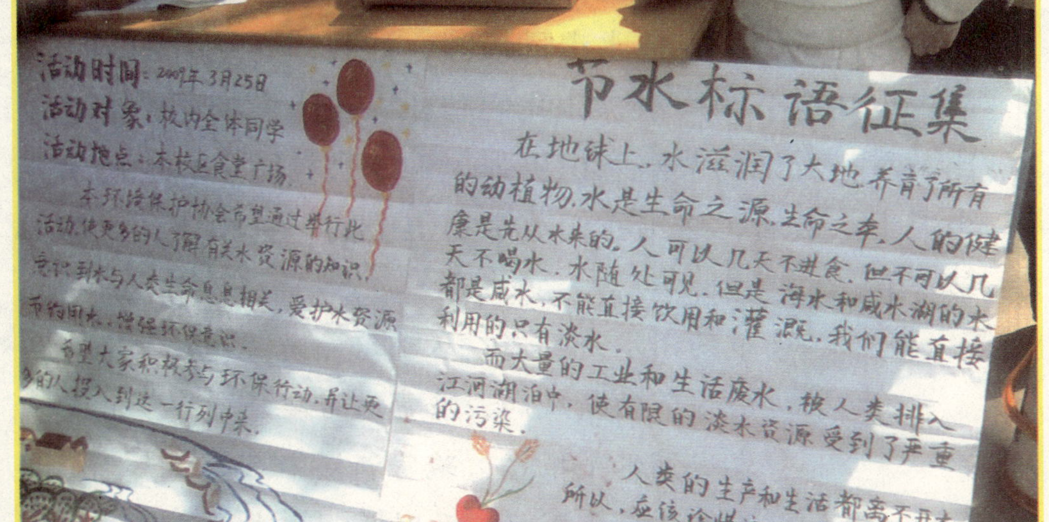

坚持节水我能行

用水之后要牢记，及时关闭水龙头

不仅南宁市壮志路小学同学们的节水意识在这次活动中得到了加强，而且他们也把节水从观念带到了实际生活中。同学们，让节水走进校园，让我们在平时的学习生活中也注意节约用水，让我们和壮志路小学的同学们比一比，看一看谁的节水意识更强，谁才是校园里真正的节水小卫士。最后，送给我们节水小卫士们一首小诗，大家共勉一下：

节约用水好习惯，从小培养是关键；
引导节约新风尚，浪费陋习要反对；
发现漏水早报告，跑冒滴漏不可有；
用水之后要牢记，及时关闭水龙头；
节约珍惜每滴水，建设节水新校园！

在世界水日
节水沐浴的冬泳老奶奶

2010年3月22日，又一个世界水日来临了，北京什刹海坚持冬泳的一位老人冒着严寒进行了冬泳训练。这位老人已有72岁的高龄，为了节水，她在冬泳后自己带着自来水沐浴。这位老奶奶自己用手举着塑料瓶来浇洗身体，而下面脚上还套有塑料袋，方便把从上面浇下来的水回收利用。

甘甜的水，我们要节约

中国对水资源的开发利用、江河整治的任务十分艰巨

这位老人，给我们做出了节水的好榜样，让我们又一次意识到了水的重要性。水是人类赖以生存和发展的重要资源之一，是不可缺少、不可代替的特殊资源。没有水就没有生命，就没有文明的进步。世界上的水资源是有限的，当今世界，随着人口的不断增长和经济的不断发展，淡水资源的需求量不断增加；同时，由于不合理的利用，使得本来就很短缺的淡水资源日益紧张。

中国水资源的现状不容乐观，总量少于巴西、俄罗斯、加拿大、美国和印度尼西亚，居世界第六位。若按人均水资源占有量这一指标来衡量，则仅占世界平均水平的1/4，排名在第110名之后。缺水状况在中国普遍存在，而且有不断加剧的趋势。全国约有670个城市中，一半以上存在着不同程度的缺水现象。其中严重缺水的有一百一十多个。

中国水资源总量虽然较多，但人均量并不丰富。水资源的特点是地区分布不均，水土资源组合不平衡，2010年的西南旱灾又一次给我们敲响

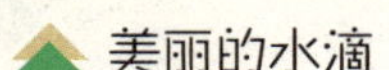
美丽的水滴

从自身做起，爱惜每一滴水

了节水的警钟；年内分配集中，年际变化大；连丰或连枯年份比较突出；河流的泥沙淤积严重。这些特点造成了中国容易发生水旱灾害，水的供需产生矛盾，这也决定了中国对水资源的开发利用、江河整治的任务十分艰巨。

可以说，通过多年的努力，我国的节水事业取得了长足的发展和进步，但是和一些发达国家相比，我们还存在一定距离。农业，是水资源的用水大户，也是水资源的浪费大户。在我国，“土渠输水、大水漫灌”的农业灌溉方

争做节水的好模范

式目前还仍在普遍沿用。工业因为现有用水设施技术落后，目前我国工业万元产值用水量为103立方米，美国是8立方米，日本只有6立方米，竟能达到发达国家的10～20倍；我国工业用水的重复利用率仅为40%左右，而发达国家平均为75%～85%。城市居民生活用水不讲节约的现象十分严重。仅北京市一年跑冒滴漏的水就达36万吨。

不少人现在已经意识到了我国这种紧迫的水资源现状，很多人已经开始从自身做起，成了节水的模范标兵。就像上面提到的冬泳后自己带水洗澡的老奶奶，就是一个很好的榜样。同学们，就让我们像这位老奶奶一样，节约用水，从自身做起，当一个节水的好模范！

法国和日本的节水措施

法国：节水成为“全民工程”

为了树立公民的节水意识，法国政府特别注重节水宣传。法国各大电视台和电台，每天都会播出节水公益广告。法国政府还不断向民众发放介绍节水窍门的小册子。政府不遗余力地宣传使法国民众养成了自觉节水的习惯。在巴黎的一些中高档居民区，日常生活用水实行包干制，但这些家庭仍大量使用节水马桶，许多人甚至不惜多花很多钱安装生态淋浴系统，将洗澡水过滤后重新装入抽水马桶，可节省近40%的生活用水。记者所在的小区有一个洗车房，但常常门可罗雀。洗车房的老板告诉记者，洗车生意在巴黎不好做，他都快开不下去了，巴黎人不是出不起每次2欧

在法国由于节水洗车生意变得萧条

元的洗车费，而是不想因此浪费水。

有了法国政府和民众的节水要求，五花八门的节水装置在法国也就找到了用武之地。在法国，你只要一抬头，就可以看见楼房屋檐下的集雨管。

法国

很多家庭都安有这种集水设备

下雨时，集雨管将屋顶的雨水引入地下蓄水池，过滤净化处理之后，就可以作为厕所等二类生活用水使用。法国一些地方还制定了有关雨水利用的地方法规，规定新建小区必须配备雨水利用设施，否则，将征收雨水排放费。另外，法国公共场所的水龙头大都装有定时系统，在水龙头打开30秒后会自动断水。记者的法国朋友不无自豪地说，法国不仅是节水的典范，也是节水技术的先锋。

日本：节水举措多头并进

日本东京

为了解决严重的水资源缺乏问题，日本政府采取了许多行之有效的措施，首先是防止漏洞和节约用水。从上世纪80年代起，日本就大力提倡使用杂用水（指下水道再生水与雨水）供冲厕所、冷却、洗车、街道洒水、浇树木等。在日本各大城市，许多家庭都有废水处理净化槽。这种废水处理净化槽可以将厕所废水和其他生活废水一起加以处理、净化，其净化能力几乎与下水道终端处理设施能力相同。另外，积蓄和利用雨水是日本各级政府近年来积极推行的另一有效节水政策。

日本

日本东京采取了“抑制需要型”的收费方法，即东京

日本风光

都内一般用户水费分为“基本水费”和“超量水费”两种。对供水管在13～25毫米的用户，耗水量不超过10立方米时，每月只收“基本水费”800~1320日元。超过这一标准，增收“超量水费”，按每10立方米为一单位递增，超过水量越大，收费标准就越高。对供水管直径为100毫米以上的用户，除基本水费较高外，超量部分每立方米一律增收375日元。

节约用水新生活

2010世界水日 联合国秘书长的致辞

世界水日的宣传画

2010年的3月22日是第18个世界水日，今年联合国世界水日主题是“保障清洁水源，创造健康世界”。世界各国为庆祝世界水日的到来举行了很多丰富多彩的活动，目的在于推动世界各国对水资源进行综合性统筹规划和管理，加强水资源保护，并通过开展广泛的教育和宣传活动，以增强公众开发保护水资源的意识。

地球上的所有生命都来源于水

好了，现在就让我们一起来看一看联合国秘书长在2010年世界水日上的致辞：

水是生命之源，也是维系地球上所有生命的纽带。水直接关系到我们联合国的各项目标：改善孕产妇和儿童健康，提高预期寿命、增强妇女力量、粮食安全可持续发展以及适应和减缓气候变化。正是因为认识到这些联系才宣布2005~2015年为“生命之水”国际行动十年。

我们不可缺少的水资源确实具有巨大的复原力，但它们越来越脆弱也日趋受到威胁。不断增长的人口对食物、原材料和能源用水的需求与大自然本身对维持濒危生态系统和继续提供我们赖以生存的服务的水量需求之间竞争日趋激烈。人类每天都向世界各水系中倾倒千百万吨未经处理的污水以及工业和农业废物。清洁饮水已经成为稀缺资源，而且随着气候变化的到来将会变得更加稀缺。穷人将首当其冲地受到污染、缺水和缺乏适当卫生条件的影响。

水的魅力

今年世界水日的主题是“保障清洁水源，创造健康世界”，强调水资源质量和数量都面临威胁，因饮用不卫生的水而死亡的人数超过了包括战争在内的一切形式暴力的

一杯水，一个世界

死亡人数。这些死亡是对我们共同人性的侮辱，也破坏了许多国家充分发挥发展潜力的努力。

世界已掌握解决这些难题的专门技能，能够更好地管理水资源。水对于我们的所有发展目标都至关重要。现在，该国际行动十年已为期过半，我们期待今年举行千年发展目标首脑会议，让我们保护水资源并对之进行可持续的管理，以增进保护穷人和弱势群体的利益，保护地球上的所有生命。

2010世界水日·主题宣传画

以上就是联合国秘书长的致辞。看完了他的致辞，我们是不是对节水工作有了更加深刻的认识呢？节水是

一个全世界的课题，只有我们大家都加强了节水意识，都意识到节水的重要性，在平时多注意节约用水，节水工作才能取得真正的实效。同学们，让我们一起来节约用水，别让我们悔恨的眼泪成为地球上最后一滴水。

别让世界上只留下一滴水

世界各地的节水趣事

提到节水，各国都有很多的节水趣事，你们想知道吗？下面，介绍一下各国有关节水所采取的一些有趣的措施。

各国采取过很多有趣的节水措施

1 美国：制造业水重复利用17次

许多国家和城市都把节约工业用水作为节水的重点，主要的办法是一水多用，重复利

世界各国都在寻找节水的有效途径

用工业内部已使用过的水。比如，炼油厂单程冷却加工1吨原油需用水30吨，如采用循环水冷却，用水量降到原来的1/24。美国制造工业的水重复利用次数，1954年为1.8次，1985年为8.63次，到2000年达17.08次，制造工业的需水量比1978年减少45%。

2 美国圣彼得堡：废水全部循环利用

用我们的双手呵护每一滴生命之源

美国佛罗里达州的圣彼得堡，是一个不向周围的河湖排放污水的大城市。它的废水全部实现循环利用。这个城市有两套配水管道系统，一套送供饮用的新鲜淡水，另一套输送处理过的废水，供浇灌草坪等杂用。后一种水价只有清洁水的30%，还节省了化肥的费用。

3 洛杉矶：儿童“节水副市长”

水滴的世界

提高公民的节水意识，动员广大群众特别是年青一代的参与很重要。美国洛杉矶市市长为了宣传节水，曾动员100人作节水报告188次，并让7万名中学生看节水电影。纽约市市长在1981年水源紧张时别开生面地发出一个特别的号召：委派全市儿童都担任纽约市的“副市长”，协助市长监督他们的父母和兄弟姐妹节约用水。

4 以色列：用“茶勺”喂庄稼

地处半沙漠的以色列，人均水资源仅有285立方米，每年有8个月需要灌溉，而水源仅够满足其1/5用量。1948年开始，以色列大力进行节水农业，制定和实施了严格的法规，采用管道输水，通过自动化的滴灌系统，保证供给农作物适时、适量的水和精确的肥料，以色列农民比喻为“用茶勺喂庄稼”，终于以同样的耗水量使农业产值增长

了12倍。计划到2010年，他们用于灌溉的淡水量，还将从目前的11亿立方米下降到5亿立方米，其余由处理后的工业废水来代替。

5 新加坡：节水税

新加坡是世界上严重的缺水国之一，所以十分重视节水工作，制定有严格的法规政策。在新加坡，不仅工业的水价高于家庭用水价，而且工厂用水超过计划定额时，要征收15%的节水税。

6 墨西哥：用水量降低1/6

墨西哥城位于高原之上，是美洲最古老的城市之一。1800万居民用水的80%是取自地下，由于超采地下水，已造成地面沉降，危及建筑物，但城市人口仍以每年50万的速度增长。为解决用水问题，政府痛下决心，严格规定用水标准。例如，厕所冲洗水量，每次不得超过6升；把全国厕所全部更换

成6升模式，仅此一项，节水就解决了几十万居民的家庭生活用水。此外，还进行了提高水价，大力宣传节水等一系列工作。据估计，用水量降低了1/6。

7 加拿大：未来20年用水零增长

面对用水量的不断增长，除了不断寻找水源，还有什么高招？加拿大安大略省的滑铁卢市一向以地下水为水源，但开采已超过极限，为满足未来的用水需求，曾计划增辟地面水源，拟从市西120公里的河流和休伦湖引水，但因工程造价太高，而转向从节水找出路。经过3年努力，人均用水降低了10%。安大略省全省推广了该市的经验，并确定在未来的20年内实现用水量零增长。

节约用水，点滴开始

看到别的国家有趣的节水方法，我们是不是也应该注意多保护水资源，为我国的节水工作作点贡献呢？

有关节水的未来畅想

OPERATION

SAVE

H_2O

立即行动

清清流水别糟蹋，节约用水靠大家；
用水之时拧开阀，洗完手后关紧它；
洗涤瓜果用盆装，洗好衣服擦门窗；
洗完脸后洗鞋袜，淘完米后再浇花；
关掉龙头擦香皂，节约用水来洗澡；
洗完澡后擦地板，洗车改用湿布擦；
龙头损坏及时换，严格预防清水冒；
流水清清源不断，家园环境更美好；
合理使用不匮乏，节约用水人人夸。

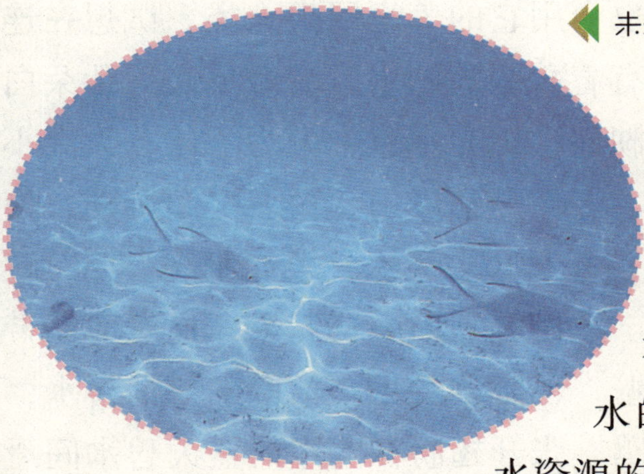

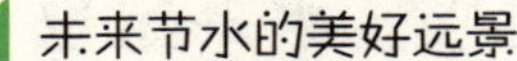
未来节水的美好远景

在唱响这首节水歌后，大家是否已经想到了未来节水的美好远景呢？当所有人都开始意识到节水的重要性，开始保护水资源的时候，情况会是怎样呢？不再有关不紧的水龙头的滴答哭诉，也不会再有被污染的散发着臭味的河流，在干渴的非洲，孩子们都能够正常地用水。人人都在宣传节水知识，节水观念已经深入人心。海水淡化技术、集雾取水法、冰山取水、抽取海底淡水等技术将会彻底解决人类饮水困难。

节约用水保护水资源任重道远

那时候，水一定也会用它的美来回报人类。试想在连绵不断的山峰之中，有着碧绿的湖水，清澈见底。朵朵白云，青青山影倒映于湖面，山光水色，融为一体。大大小小的鱼儿在水中穿梭，好像是在崇山、白云之间游动，使人仿佛置身于仙境。浩瀚无边，天水一色。阳光一照，跳动起无数耀眼的光斑。这时，湖面一览无余，连对面绸带似的湖岸上的房子白壁，也隐约可见。恬静的一湖碧水，一湖风帆，雪白的江鸥，张开翅膀在澄净的蓝天碧水间滑翔。孩子们也有了属于自己嬉戏的美好乐园。

合理使用不匮乏，节约用水人人夸

相反，如果人类一意孤行，继续浪费污染水资源，那后果又会是怎样的呢？化工厂的废水源源不断地排入了小河，小河的水浑浊一片。草地，森林，湖泊，都将消失不见。沙子迷漫在天空，土地则化为无边的沙漠，死一般的沉静。同学们，如果我们再不保护水，那么这些将会成为现实。

如今，节水已经成为全世界关心的课题，每年的3月22日被定为“世界水日”。每年的3月22日所在的一周，定为“中国水周”，似乎也只有在这时大多数人才会意识到我们的水资源其实是非常有限的。因此增强全民节水意识，这种意识不应只是一天、一周，它是持续性发展课题，需要每代人、每个人坚持不懈地努力，人人爱护、节约水，反对浪费水、污染水，大自然才能与我们和谐相处。

每年的3月22日是“世界水日”

所以我们每一个人都必须意识到，水是一种珍贵的自然资源，应该自觉地珍惜水、节约水！你们向往这种美好的景象吗？你们想拥有一条属于自己嬉戏的河流吗？那就让我们从现在做起，好好保护水资源，相信经过我们努力，大家的愿望一定可以实现！

流水清清源不断，家园环境更美好

美国及澳大利亚节水措施

在美国水资源的开发利用中采取的主要措施包括：减少水源消耗和流失，进行合理用水、节约用水。包括：保护水源，防止水土流失；水资源重复利用，侧重于对城市污水进行处理，再作为灌溉水源；调节河川径流；选育抗旱品种；引水补给地下水；减少蒸发，应用植物生长调节剂；调整作物种类和市场供应等。当前，美国发展节水灌溉农业主要采用先进的节水灌溉技术和农业技术相结合，以取代传统的单一的地面灌溉技术，农田灌溉水的利用效率已达70%~80%。

美国纽约

美国图森市的节水措施

图森市位于亚利桑那州的中南部，夏季炎热，气温常超过37.8摄氏度。该市的高峰用水是由夏季的高温期决定的。该市年平均降水量为245毫米，其中约有一半发生在夏季，而年平均蒸发量却高达1524~1778毫米。

在图森市水厂的许多门类的用水户中，有些用水户从性质上讲属于季节性用水：冬季用水很少，用水量也较稳定；夏季用水量较大，且随气温和降雨情况而达到高峰。1974年夏季，图森市经历了历史上最炎热的旱季，市内水井已无法满足高峰用水的要求，供水系统在局部地段停水，送水压力下降。为了正常送水，图森市削减了高峰用水量，使用水量不受季节的影响。推行这项计划后各类用水户逐步调整了他们的室外用水方式，每人每天的总用水量已由1974年的776.5升下降到目前的约549.2升。

美国风光

2 美国加州居民的雨水收集系统

美国加州

澳大利亚

1975~1977年，美国加州发生了干旱，迫切地需要探求适当的供水方案。一般说来，在农村居民用水的最可行办法是从屋顶收集雨水，使其汇集存储到一些容器内，而后提供使用。雨水的收集，完全可以满足低限度的家庭用水需要。

澳大利亚有70%的地区雨量在500毫米以下，易发生旱灾。全国地面水

源不多，平均年径流量仅有3454亿立方米。虽然地下水丰富，但60%是自流井区，可利用的水源只有176万平方公里。澳大利亚不断采用新的节水灌溉方法。把12厘米的滴水管埋入地下，把水和肥料溶液直接滴灌在西红柿等作物的根部，不但节省大量水肥，而且可收获90%的优质蔬菜，而传统的灌溉方法只能收获到60%~70%，这种灌溉方法使多余的肥料不致污染水渠。又如在果园中，春季落叶对果树不浇水或少浇水，抑制果树生长，进入夏季则多灌水以促进水果的生长。这种方法使果树长得矮小，不需过多浇水和修剪，但水果产量却增加了。试验表明，可节省用水20%，增产水果20%。多数果园已采用了这项措施。

节水法规知多少

保护水资源任重道远

党和国家历来非常重视节水工作。党的十五大提出我国要坚持实施“资源开发和节约放在首位”的可持续发展战略方针。指出：“当今水资源为世界各国所关注，我国水的资源大为短缺。要认真做好水的资源开发与节约用水工作，二者不可偏废。在开源的同时要注重节流，认真做好工业、农业、日常生活的节水工作。”国家还专门在水利部成立了全国节约用水办公室，以加强节水工作。

现在的社会是一个法律社会，我们应该多了解一些国家有关节水方面的法律法规，下面，就给大家介绍一些有关节水的基本法律常识。

1988年1月21日人大常委会通过的《中华人民共和国水

依法管水，科学用水，自觉节水

法》，是在国家领域内开发、利用、保护、管理水资源，防治水害必须遵守的法律。规定：水资源属于国家所有，即全民所有；国家实行计划用水，厉行节约用水，各单位应当采取节约用水的先进技术，降低水的消耗量，提高水的重复利用率。在水源不足的地区，应当采取节约用水的灌溉方式。

1994年7月19日，国务院颁发了《城市供水条例》。条例规定城市供水实行开发水源和计划用水、节约用水相结合的原则。合理安排利用地下水，应优先保证生活用水，统筹兼顾工业用水和各项建设用水。在水源保护区内，严禁一切污染水质的活动。

1988年12月20日国家有关部门发布了《城市节约用水管理规定》。规定明确要求：城市实行计划用水和节约用水。政府在制定供水发展规划的同时，

万物有水万物生，万物无水万物枯

水是生命之源，也是快乐之源

节水法规是水资源的保护伞

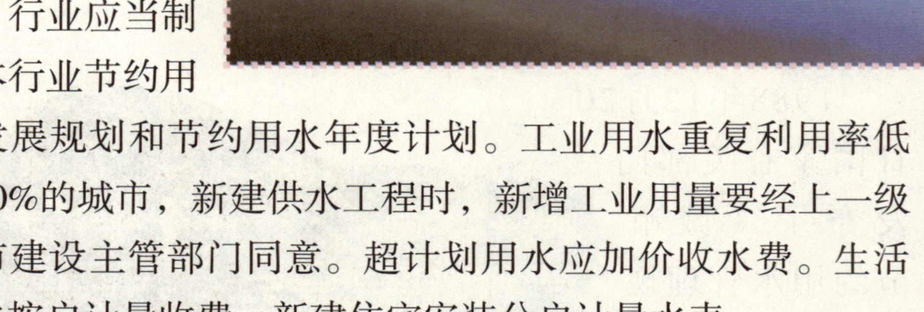

应当制定节约用水发展规划和节约用水年度计划。行业应当制定本行业节约用水发展规划和节约用水年度计划。工业用水重复利用率低于40%的城市，新建供水工程时，新增工业用量要经上一级城市建设主管部门同意。超计划用水应加价收水费。生活用水按户计量收费，新建住宅安装分户计量水表。

水价格政策是保护水资源和节约用水的一种手段，可以在一定程度上制约用户的用水量，特别是对于工业用水。事实证明，水价低廉，是造成浪费用水的原因之一。专家指出，水价提高10%，将使家庭用水降低3%~7%。我

国的水价（每立方米原水），城市生活用水原水约为0.1元，工业用水原水约为0.16元，农业用水约为0.03元。无论与其他生活消费品价格比，还是同国外水价比，都有明显的偏低。欧美工业水价一般相当于8元人民币，农业水价相当于0.8元人民币。世界各地水价粗略比较如下（换算成人民币计）：挪威、加拿大2.1元，爱尔兰3.3元，纽约3.7元，瑞典和英国4.8元，荷兰5.1元，芬兰5.4元，比利时5.7元，法国6元，意大利6.9元，德国8.1元，澳大利亚9.3元，香港地区20元，东京22.8元。

现在大家对节水的基本法规是不是有了一些基本了解呢？希望我们大家拿起法律武器，一起捍卫我们的水资源。

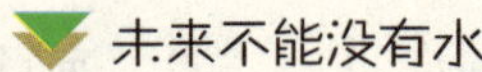
未来不能没有水

保护我们的蓝色地球，让我们来一起节约用水

读了这本书以后，大家对水是不是有了更深入的了解呢？是不是看了这么多的故事和例子后，觉得我们人类的水资源的确非常宝贵呢？

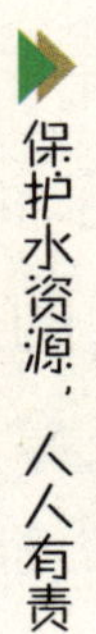

保护水资源，人人有责

Clean Water. Healthy Life.

清洁用水，健康生活

地球，是我们人类赖以生存的家园，是我们人类的母亲。它拥有的资源是有限的，我们都要好好保护它。但是，有许多人非但没有保护我们的地球母亲，反而随意地破坏它。就拿水资源来说吧，现在的许多人根本不知道水资源的重要性，水龙头哗哗地流着水，却没有人去

管；一盆干干净净的水无缘无故地倒掉；工厂的污水未经任何处理就排入河流……

让绿色生命得到水的保护

在地球上有些地方的人们连水都喝不上，而有些人却还在这样浪费水。一系列的灾难就这样发生了：黄河断流、罗布泊干涸、赛特凯达斯瀑布消失等等，给人类带来了深重的灾难。

但是究其根源，这些灾难还是我们人类自己造成的。现在，许多化工厂为了经济效益，污水不经处理就排入河流，污染物顺流而下，污染了整条河流，毒死了河中的生物，鱼虾等生物的尸体腐烂后还会发出呛人的臭味，影响人的身体健康。河水被污染后，人喝了还会生病，甚至死亡。另外，由于人们滥砍滥伐森林，造成水土流失，使泥沙被河水冲走，也造成了河流的污染。

虽然地球上大部分都是水，但其中大多是咸水，可供人类使用的淡水非常少。打个比方，如果把全世界的水比做一杯的

节约用水，点滴做起

话，那淡水就只有一勺，而可利用的淡水就只有一滴了。因此我们真的应该行动起来，保护我们的水资源。

浇花时也要节水

怎样保护水资源呢？作为一个公民，应该节约用水、循环用水、提高水的利用率，例如：洗澡时，打香皂的时候要关水；遇到开着的水龙头要主动关掉；不要玩水；要循环用水，洗脸水还可以洗脚，洗脚后还可以洗袜子，洗了袜子后的水还可以冲马桶；要多植树，少砍树，保护水土等等，书中也举了不少例子。

今年，我国西南地区的特大旱灾又一次给我们敲响了节约用水的警钟，保护地球，保护水资源，人人有责。让我们大家都行动起来，让地球的明天更美好！

干裂的土地